Diogenes Taschenbuch 20303

detebe

ALBERT EINSTEIN, geboren 1879 in Ulm, stellte die Relativitätstheorie auf, mit der er neue Grundlagen für die moderne Physik schuf. 1921 erhielt er den Nobelpreis für Physik. Als Autor kennt man ihn vor allem durch seine Briefe: berühmt sein Schreiben an Präsident Roosevelt, in dem er – überzeugter Pazifist – sich aus Furcht vor einer deutschen Aggression für die Entwicklung der Atombombe aussprach. Seine Laufbahn als Professor führte ihn über Zürich, Prag und Berlin nach Princeton, wo er 1955 starb.

Albert Einstein

Briefe

Aus dem Nachlaß
herausgegeben
von Helen Dukas
und Banesh Hoffmann

Diogenes

Die amerikanische Originalausgabe
erschien 1979 unter dem Titel ›Albert Einstein:
The Human Side – New Glimpses from his Archives‹
bei der Princeton University Press

Die Übersetzung der Zwischentexte aus dem
amerikanischen Englisch besorgte Manfred Papst
Covermotiv: Albert Einstein
Foto: Archiv Diogenes Verlag

Für Otto Nathan
geschätzten Freund Albert Einsteins
und engagierten Verwalter
seines Nachlasses

Deutsche Erstausgabe

info@diogenes.ch · www.diogenes.ch
In Fragen zur Produktsicherheit (GPSR):
truepages UG (haftungsbeschränkt)
Westermühlstraße 29, 80469 München
info@truepages.de
ASR / 24 / 852 / 12
ISBN 978 3 257 20303 5

Albert Einstein war nicht nur der größte Wissenschaftler seiner Zeit, sondern auch der berühmteste. Mehr noch: er beantwortete Briefe. Und diese Kombination macht das vorliegende Buch möglich.

Es ist keine Biografie und erklärt nicht Einsteins Ideen. Es hat keine Kapitel, keine Inhaltsübersicht, kein Register und, auf den ersten Blick, keinen zugrundeliegenden Plan und keine Gliederung. Es besteht zum größten Teil aus Zitaten aus bisher unveröffentlichten Briefen und Zeugnissen, die Einstein ohne Gedanken an eine Publikation schrieb. Auf eine weitere Beschreibung der Texte können wir hier verzichten, denn sie sprechen für sich selbst.

Die Anordnung der Beiträge ist nicht zufällig. Sie spiegelt das Problem, die Erfahrungen eines reichen Lebens zu ordnen: jeder Abschnitt bringt unerwartet Wendungen, springt – wie das Gedächtnis mit der ihm eigenen Logik – über die Jahre vor und zurück, von einer Erinnerung zur nächsten, ihr verwandten. Einsteins Texte erscheinen, wo nichts anderes vermerkt, im deutschen Original; Eigenheiten der Orthographie und Interpunktion wurden beibehalten.

In einem Buch über Einstein ist es nicht unangebracht, mit einem Beitrag zu beginnen, der drei Regeln auf einmal bricht: erstens betrifft er einen Brief, den Einstein nicht beantwortet hat; zweitens haben wir ihm, entgegen unserer Gepflogenheit, Anmerkungen beigefügt; und drittens ist der Beitrag schon veröffentlicht worden. Im Sommer 1952 befragte Carl Seelig, ein früher Biograf Einsteins, diesen in einem Brief nach Details zur Verleihung seines ersten Ehrendoktorats. In seiner Antwort erzählte Einstein von den Geschehnissen im Jahr 1909, als er seinen Lebensunterhalt am Eidgenössischen Patentamt in Bern verdiente, obwohl er vier Jahre zuvor seine *Spezielle Relativitätstheorie* vorgelegt hatte. Im Sommer 1909 verlieh die Universität Genf über hundert Ehrendoktorate zur Feier des 350. Jahrestags ihrer Gründung durch Calvin. Dazu schrieb Einstein folgendes:

Eines Tages erhielt ich im Berner Patentamt ein großes Couvert, aus dem ein nobles Papier herauskam, auf dem in pittoreskem Druck (ich glaube sogar auf Lateinisch*) etwas stand, das mich unpersönlich und wenig interessant anmutete und sofort in den amtlichen Papierkorb flog. Später erfuhr ich, daß dies eine Einladung zur Calvinfeier war nebst Ankündigung, daß ich an der Genfer Universität den Ehrendoktor bekommen sollte**. Die Leute dort interpretierten offenbar mein Schweigen richtig und wandten sich an meinen Freund und Schüler, den Genfer Chavan, der in Bern lebte.

* Tatsächlich war das Dokument französisch abgefaßt.

** In dem Dokument fand sich ein auffallender Druckfehler, der im Unterbewußtsein Einsteins Handlungsweise beeinflußt haben mag: der Name des Geehrten wurde nicht als »Monsieur Einstein«, sondern »Monsieur Tinstein« angegeben.

Dieser überredete mich, nach Genf zu kommen, weil dies praktisch unvermeidlich wäre, ohne weitere Erklärung.
So fuhr ich am angesagten Tag ab und traf abends einige Züricher Professoren im Restaurant des Gasthofes, wo wir wohnten . . . Jeder von ihnen erzählte nun, in welcher Eigenschaft er da war. Als ich schwieg, erging die Frage an mich, und ich mußte gestehen, daß ich keine blasse Ahnung habe. Die andern wußten aber Bescheid und weihten mich ein. Am nächsten Tag sollte ich im Festzug marschieren und hatte nur Strohhut und Straßenanzug bei mir. Mein Vorschlag, mich davor zu drücken, wurde mit Entschiedenheit abgelehnt, und diese Feier verlief entsprechend drollig, was meine Mitwirkung anlangte.
Das Fest endete mit dem opulentesten Festessen, dem ich in meinem ganzen Leben beigewohnt habe. Da sagte ich zu einem Genfer Patrizier, der neben mir saß: »Wissen Sie, was Calvin gemacht hätte, wenn er noch da wäre?« Als er verneinte und mich um die Meinung fragte, sagte ich: »Er würde einen großen Scheiterhaufen errichtet und uns alle wegen sündhafter Schlemmerei verbrannt haben.« Der Mann sprach kein Wort mehr, und damit endet meine Erinnerung an die denkwürdige Feier.

Ende 1936 sandte die Berner Naturforschende Gesellschaft Einstein ein Diplom, das ihm kurz zuvor verliehen worden war. Am 4. Januar 1937 schrieb er aus Princeton zurück:

Sie können sich kaum vorstellen, wie erfreut ich dar-

über war und bin, daß die Berner Naturforschende Gesellschaft meiner so freundlich gedacht hat. Es war sozusagen eine Botschaft aus den Tagen der längst entschwundenen Jugend. Die gemütlichen und anregenden Abende steigen wieder auf in meinem Gedächtnis und besonders die oft wunderbaren Bemerkungen, die Professor Sahli, der innere Mediziner, zu den Vorträgen zu machen pflegte. Ich habe das Dokument gleich einrahmen lassen und als Einziges von allen Anerkennungen entsprechender Art in meinem Studierzimmer aufgehängt als Erinnerungszeichen an meine Berner Zeit und die dortigen Freunde.
Ich bitte Sie, der Gesellschaft meinen herzlichen Dank zu übermitteln und ihr zu sagen, wie hoch ich die mir erwiesene Freundlichkeit schätze.

Ein Wort der Erklärung ist hier angebracht. Als das Dokument ankam, sagte Einstein: »Das hier werde ich rahmen lassen und aufhängen, denn die haben immer über mich und meine Ideen gespottet.« Natürlich erhielt er zahlreiche andere Ehrungen, die er aber nicht rahmen und aufhängen ließ. Er legte sie beiseite in eine Ecke, die er »Protzenecke« nannte.

1915, in Berlin, mitten im Ersten Weltkrieg, beendete Einstein sein Meisterwerk, die *Allgemeine Relativitätstheorie*. Sie verallgemeinerte nicht nur die *Spezielle Relativitätstheorie*, sondern enthielt auch eine neue Theorie der Gravitation. Unter anderem sagte sie die gravitationsbedingte Beugung der Lichtstrahlen voraus, die durch britische Wissenschaftler, besonders Arthur Eddington, während einer Sonnenfinsternis 1919 bestätigt wurde. Durch diese offizielle Bestätigung wurde Einstein über Nacht weltweit berühmt. Er verstand das nie. An Weihnachten jenes Jahres schrieb er an seinen Freund Heinrich Zangger:

Ich werde nämlich mit der Berühmtheit immer dümmer, was ja eine ganz gewöhnliche Erscheinung ist. Das Mißverhältnis zwischen dem, was man ist, und dem, was die andern von einem glauben oder wenigstens sagen, ist gar zu groß. Man muß es aber mit Humor tragen . . .

Einsteins Ruhm dauerte fort und bescherte ihm eine außerordentliche Menge an Post. So schrieb ihm am 3. Januar 1943 eine Studentin aus Washington, D. C. unter anderem, daß sie in Mathematik ein wenig unter dem Durchschnitt sei und deshalb härter arbeiten müsse als die meisten ihrer Freunde. Aus Princeton schrieb ihr Einstein am 7. Januar 1943 zurück:

Machen Sie sich keine Sorgen über Ihre Schwierigkeiten in Mathematik; ich kann Ihnen versichern, meine sind noch größer. [Original englisch]

1895, nach einem Schulunterbruch von einem Jahr, wurde der junge Einstein Schüler der Aargauischen Kantonsschule in Aarau. Am 7. November 1896 sandte er den aargauischen Schulbehörden folgenden Lebenslauf:

Am 14. März 1879 wurde ich in Ulm geboren und gelangte im Alter von einem Jahre nach München, wo ich bis zum Winter 1894/1895 verblieb. Dort besuchte ich die Elementarschule und das Luitpoldgymnasium bis zur 7. Klasse (exklusive). Dann lebte ich bis zum Herbste vorigen Jahres in Mailand, wo ich privatim weiterstudierte. Seit letzten Herbst besuche ich die

Kantonsschule in Aarau und erlaube mir nun, mich zur Maturitätsprüfung anzumelden. Ich gedenke dann an der 6. Abteilung des Eidgenössischen Polytechnikums Mathematik und Physik zu studieren.

Viele Jahre später sollte Einstein, inzwischen berühmt geworden, wieder einen Lebenslauf einreichen. Dieser enthielt einige interessante Gesichtspunkte.

Die Kaiserlich-Leopoldinisch-Carolinische Deutsche Akademie der Naturforscher, Leopoldina, war 1652 in Halle gegründet worden, und Goethe hatte zu ihren Mitgliedern gehört. Am 17. März 1932, zum 100. Todestag Goethes, beschloß die Akademie, Einstein zum Mitglied zu ernennen. Als Einstein die Ernennung annahm, sandte ihm der Präsident der Akademie – alter Tradition gemäß – einen biographischen Fragebogen mit neun Hauptfragen. Da der Raum für die Antworten knapp bemessen war, antwortete Einstein in einer Art Telegrammstil.

Wenn auch die Nationalsozialisten noch nicht an die Macht gekommen waren, so war ihre antisemitische Propaganda doch ziemlich lautstark. Einsteins Antwort auf die erste Frage ist deshalb von besonderem Interesse:

1. Ich bin in Ulm als Sohn jüdischer Eltern am 14. März 1879 geboren. Mein Vater war Kaufmann, zog bald nach meiner Geburt nach München, 1893 nach Italien, wo er bis zu seinem Tode (1902) blieb. Ich habe keinen Bruder, aber eine Schwester, die in Italien lebt . . .

Die zweite und dritte Frage betrafen Einzelheiten seiner Jugend und seines Bildungsgangs und wurden von ihm pflichtgemäß beantwortet. Die vierte Frage betraf seine Laufbahn:

IV. Von 1900 bis 1902 war ich in der Schweiz als Privatlehrer, eine Zeitlang auch als Hauslehrer tätig und erwarb das Schweizerische Bürgerrecht. 1902–1909 war ich als Experte (Vorprüfer) am Eidgenöss. Amt für geistiges Eigentum angestellt, 1909–11 als außerordentlicher Professor an der Züricher Universität. 1911–12 war ich als ordentlicher Professor der theoretischen Physik an der Universität Prag, 1912–14 an dem Eidgenössischen Polytechnikum ebenfalls als Professor der theoretischen Physik. Seit 1914 bin ich als bezahltes Mitglied an der Preußischen Akademie der Wissenschaften in Berlin und kann mich ausschließlich der wissenschaftlichen Forschungsarbeit widmen.

Als fünftes fragte man nach seinen Forschungsergebnissen und Publikationen. Dabei sind einige Daten der Antwort etwas verwirrend: so gehört die *Spezielle Relativitätstheorie* ins Jahr 1905, nicht 1906, die *Allgemeine Relativitätstheorie* ins Jahr 1915, nicht 1916. Möglich, daß Einstein aus dem Gedächtnis antwortete und sich deshalb getäuscht hat.

V. Meine Veröffentlichungen bestehen fast ausschließlich in kurzen physikalischen Arbeiten, welche meist in den Annalen der Physik und in den Sitzungsberichten der Preuß. Akademie erschienen sind. Die wichtigsten betreffen folgende Themen:
Brown'sche Bewegung (1905)
Theorie der Planck'schen Formel und der Lichtquanten (1905, 1917)
Spezielle Relativitätstheorie und Trägheit der Energie (1906)

Allgemeine Relativitätstheorie 1916 und später Ferner sind Arbeiten über die thermischen Schwankungen zu erwähnen, sowie eine 1931 [E. schrieb versehentlich *1917*] mit Prof. W. Mayer verfaßte Arbeit über die einheitliche Natur von Gravitation und Elektrizität.

Die sechste Frage richtete sich nach den wissenschaftlichen Reisen.

VI. Gelegentliche Vortragsreisen nach Frankreich, Italien, Japan, Argentinien, England, die Vereinigten Staaten, die – abgesehen von den Reisen nach Pasadena – nicht eigentlich Forschungszwecken dienten.

Als siebtes wurde er nach den Zielen seiner Arbeit gefragt.

VII. Mein eigentliches Forschungsziel war stets die Vereinfachung und Vereinheitlichung des physikalischen theoretischen Systems. Dies Ziel erreichte ich befriedigend für die makroskopischen Phänomene, nicht aber für die Phänomene der Quanten und die atomistische Struktur. Ich glaube, daß auch die moderne Quantenlehre von einer befriedigenden Lösung des letzten Problemkomplexes trotz erheblicher Erfolge noch weit entfernt ist.

Die achte Frage drehte sich um die akademischen Ehrungen, die er erhalten hatte.

VIII. Ich wurde Mitglied vieler wissenschaftlicher Gesellschaften, und mehrere Medaillen wurden mir verliehen, auch eine Art Gastprofessur an der Universität Leiden. In einer ähnlichen Verbindung stehe ich zur Universität Oxford (Christ Church College).

Hier erstaunt, daß Einstein seinen Physik-Nobelpreis von 1921 nicht erwähnt, was gewiß nicht einer Gedächtnislücke zuzuschreiben ist. Die letzte Frage hatte etwas von einer Anti-Klimax: sie fragte nach seiner »genauen« Adresse.

An der Schule in Aarau lernte Einstein Französisch. Den folgenden Schulaufsatz schrieb Einstein in dieser Sprache. Er war damals sechzehn, und das Thema wird der Lehrer wohl der ganzen Klasse gestellt haben.

Meine Zukunftspläne

Ein glücklicher Mensch ist zu zufrieden mit der Gegenwart, um sich viel Gedanken über die Zukunft zu machen. Andererseits aber sind es immer die jungen Leute, die sich mit kühnen Plänen abgeben. Überdies ist es nur natürlich für einen ernsthaften jungen Mann, sich eine möglichst genaue Vorstellung seines erstrebten Ziels zu machen. Wenn ich das Glück habe, mein Examen erfolgreich zu bestehen, werde ich an die Eidgenössische Technische Hochschule in Zürich gehen. Ich werde dort vier Jahre Mathematik und Physik studieren. Ich stelle mir vor, daß ich in diesen naturwissenschaftlichen Fächern Professor werde, wobei ich die theoretische Richtung wähle.

Aus folgenden Gründen bin ich zu diesen Plänen gekommen: zur Hauptsache aus meiner individuellen Veranlagung für abstraktes und mathematisches Denken, aus dem Fehlen von Phantasie und praktischer Begabung. Auch meine Wünsche haben mich zu dem selben Entschluß geführt. Das ist auch ganz natürlich, man möchte immer die Dinge tun, für die man Talent hat. Außerdem bietet die wissenschaftliche Tätigkeit eine gewisse Unabhängigkeit, die mir sehr zusagt.

[Original französisch;
hier aus dem Englischen übersetzt]

In einer kurzen, unveröffentlichten biografischen Skizze spricht Einsteins Schwester Maja unter anderem über das fehlende Interesse ihres Bruders an materiellen Dingen, die man sonst schätzt und als Notwendigkeit betrachtet. So sagt sie beispielsweise: »In seiner Jugend sagte er oft: ›Alles, was ich einmal in meinem Eßzimmer will, ist ein Kieferntisch, eine Bank und ein paar Stühle.‹«

1898, als er in Zürich studierte, schrieb Einstein an seine Schwester:

Am meisten drückt mich natürlich das Unglück meiner armen Eltern. Ferner schmerzt es mich tief, daß ich als erwachsener Mensch untätig zusehen muß, ohne auch nur das Geringste machen zu können. Ich bin ja nichts als eine Last für meine Angehörigen. [. . .] Es wäre wirklich besser, wenn ich gar nicht lebte. Der einzige Gedanke, daß ich immer alles getan habe, was mir meine kleinen Kräfte erlaubten und daß ich mir jahrein, jahraus auch nicht einmal ein Vergnügen, eine Zerstreuung erlaube, außer die welche mir das Studium bietet, hält mich noch aufrecht und muß mich manchmal vor Verzweiflung schützen.

Kurze Zeit später, im selben Jahr 1898, als sich die finanzielle Lage seiner Eltern etwas besserte, schrieb Einstein seiner Schwester:

Es gibt ziemlich zu tun doch nicht übermäßig, so daß ich schon einmal Zeit finde, in Zürichs schöner Umgebung ein Stündchen zu verbummeln. Zudem freue ich mich bei dem Gedanken, daß nun für meine Eltern die schwersten Sorgen ein Ende haben. Wenn alle Leute so lebten (so wie ich), wahrlich, die Romanschriftstellerei wäre dann niemals auf die Welt gekommen.

1918, nachdem Einstein als noch junges Mitglied der Preußischen Akademie der Wissenschaften seine *Allgemeine Relativitätstheorie* vollendet hatte, machte ihm die Eidgenössische Technische Hochschule in Zürich Angebote, Berlin zu verlassen und als Professor an das Institut zurückzukehren. Dazu schrieb er seiner Schwester:

In Berlin alles aufgeben, wo man mir so unbeschreiblich entgegenkommt, das brächte ich nicht fertig. Wie glücklich wäre ich vor 18 Jahren gewesen, wenn ich am Polytechnikum bescheidener Assistent hätte werden können! Aber es gelang mir nicht! Die Welt ist ein Narrenhaus, das Renommee macht alles! Ein anderer liest doch auch gut – aber . . .

Den folgenden Brief schrieb Einstein seiner Schwester lange Zeit später, am 31. August 1935. Seit den frühen Berliner Tagen war viel geschehen. Einstein war nun in Princeton und versuchte, seine Allgemeine Relativitätstheorie zu einer einheitlichen Feldtheorie weiterzuführen. Zur gleichen Zeit drängte ihn sein Instinkt, die Entwicklungen auf dem Gebiet der Quantentheorie aufmerksam zu verfolgen, die die meisten andern Physiker mit Gleichgültigkeit hinnahmen. Aber seine Beschäftigung mit den Problemen der Physik machte ihn nicht blind für das, was in der Welt vor sich ging.

Mit der Arbeit geht es langsam und harzig, nach einem vielversprechenden Anfang. Wir sind in den prinzipiellen Forschungen in der Physik in einer Situation des Tastens, wo keiner Vertrauen in das hat, was der andere mit großen Hoffnungen versucht. Man ist in einer beständigen Spannung, bis man endgültig absegelt. Es bleibt mir aber der Trost, daß das Hauptsächliche, was ich gemacht habe, zu dem selbstverständlichen Bestande unserer Wissenschaft geworden ist.
Die großen politischen Dinge unserer Zeit sind so entmutigend, daß man sich in der eigenen Generation ganz vereinsamt fühlt. Es ist, wie wenn die Menschen die Leidenschaft für Recht und Würde verloren hätten und nicht mehr schätzten, was bessere Generationen mit unsäglichem Opfermut erworben haben . . . Das Fundament aller menschlichen Werte ist eben das Moralische. Das in primitiver Zeit klar gesehen zu haben, ist die einzigartige Größe unseres Moses. Schau Dir die Heutigen dagegen an!

1936 schrieb Einstein an seine Schwester:

Nichts als Briefschulden habe ich und Menschen, die mit Recht unzufrieden mit mir sind. Aber kann es anders sein bei einem Besessenen? Wie in der Jugend sitze ich unaufhörlich da und denke und rechne, hoffend tiefe Geheimnisse zu lüften. Die sogenannte große Welt, das heißt das menschliche Getriebe hat weniger Anziehendes als je, so daß man jeden Tag in der Einkapselung bestärkt wird.

Es folgt ein Ausschnitt aus einem Brief, den Einstein im Frühjahr 1918 aus Berlin an seinen Freund Heinrich Zangger in Zürich schrieb. Die *Allgemeine Relativitätstheorie* hatte er schon vorgelegt, aber ihr Nachweis durch die Sonnenfinsternis und der Weltruhm lagen noch in der Zukunft. Einsteins älterer Sohn, damals vierzehnjährig, entwickelte bereits lebhaftes Interesse an Technik und Ingenieurwesen:

Ich sollte ursprünglich auch Techniker werden. Aber der Gedanke, die Erfindungskraft auf Dinge verwenden zu sollen, welche das werktägliche Leben noch raffinierter machen, mit dem Ziel öder Kapitalschinderei, war mir unerträglich. Das Denken um seiner selbst willen wie die Musik! . . . Wenn ich kein Problem zum Nachdenken habe, dann leite ich mit Vorliebe mathematische und physikalische Sätze wieder ab, die mir längst bekannt sind. Hier ist also gar kein *Ziel* da, sondern nur eine Gelegenheit, um sich der angenehmen Tätigkeit des Denkens hinzugeben.

Am 20. August 1949 schrieb Einstein auf eine Frage nach den Beweggründen seiner wissenschaftlichen Tätigkeit:

Mein wissenschaftliches Werk ist begründet in einem unwiderstehlichen Verlangen, die Geheimnisse der

Natur zu verstehen, und durch keine andern Gefühle. Meine Gerechtigkeitsliebe und der Kampf um eine Verbesserung der menschlichen Lebensbedingungen haben mit meinen wissenschaftlichen Interessen gar nichts zu tun. [Original englisch]

Am 13. Februar 1934 schrieb Einstein an einen interessierten Laien, mit dem er korrespondierte:

Was das Suchen nach Wahrheit anbelangt, so weiß ich aus eigenem mühevollen Suchen und vielem Verzichten, wie schwer es ist, in der Erkenntnis des wirklich Wesentlichen einen zuverlässigen, wenn auch kleinen Schritt zu finden.

In seinen Berliner Jahren besuchte Einstein oft befreundete Wissenschaftler in den Niederlanden. Bei einem Aufenthalt in Leyden trug sich Einstein in ein Erinnerungsbuch für Professor Kammerlingh-Onnes ein, einen Pionier der Tieftemperaturphysik, der 1913 den Physik-Nobelpreis erhalten hatte. Einsteins Eintrag datiert vom 11. November 1922:

Der theoretisch arbeitende Naturforscher ist nicht zu beneiden, denn die Natur, oder genauer gesagt: das Experiment, ist eine unerbittliche und wenig freundliche Richterin seiner Arbeit. Sie sagt zu einer Theorie nie »ja« sondern im günstigsten Falle »vielleicht«, in den meisten Fällen aber einfach »nein«. Stimmt ein Experiment zur Theorie, bedeutet es für letztere »vielleicht«, stimmt es nicht, so bedeutet es »nein«. Wohl jede Theorie wird einmal ihr »nein« erleben, die meisten Theorien schon bald nach ihrer Entstehung.

Auf die Fragen eines Briefpartners aus Colorado antwortete Einstein am 26. Mai 1936:

Äußere Ereignisse, die an sich fähig wären, die Richtung des Denkens und Handelns einer Person zu bestimmen, kommen wohl in jedem Leben vor. Bei den meisten aber bleiben solche Vorkommnisse ohne Wirkung. In meinem Leben hat sicher der ungeheure Eindruck eine Rolle gespielt, den auf mich ein kleiner Kompaß machte, den mir mein Vater zeigte, als ich ein kleiner Junge war. Von der Riemann'schen Arbeit erfuhr ich erst zu einer Zeit, in der die Grundprinzipien der allgemeinen Relativitäts-Theorie schon längst klar konzipiert waren.

Einstein sprach oft vom Gefühl des Wunderbaren, das ihn überkam, als er den Kompaß sah. Es war ohne Zweifel ein wichtiges Ereignis in seinem Leben. Die erwähnte Arbeit Riemanns benützte Einstein als mathematische Grundlage für die *Allgemeine Relativitätstheorie*, und einige Leute nehmen an, daß er in einem frühen Stadium seiner Arbeit darauf aufbaute, bevor er die physikalische Konzeption auch nur in einfachster Form niederlegte. Selbstverständlich legt Einstein auch an anderer Stelle Gewicht auf diesen Punkt.

Am 17. Februar 1908 schrieb ein eher gekränkter Einstein aus dem Patentamt in Bern eine Postkarte an den deutschen Physiker Johannes Stark, der später den Nobelpreis bekommen sollte:

Es hat mich etwas befremdet, daß Sie bezüglich des Zusammenhanges zwischen träger Masse und Energie meine Priorität nicht anerkennen.

Das bezog sich auf die inzwischen berühmt gewordene Gleichung $E = mc^2$. Am 19. Februar antwortete Stark detailliert und in herzlicher Freundschaft und Bewunderung und versicherte dem Patentexperten Einstein, daß er bei jeder sich bietenden Gelegenheit positiv von ihm spreche und Einstein sich täusche, wenn er etwas anderes annehme. Einstein schrieb ihm am 22. Februar 1908 zurück:

Wenn es mir schon vor Empfang Ihres Briefes leid tat, daß ich mir durch eine kleinliche Regung jene Äußerung über Priorität in der bewußten Sache diktieren ließ, zeigte mir Ihr ausführlicher Brief erst recht, daß meine Empfindlichkeit übel angebracht war. Die Leute, denen es vergönnt ist, zum Fortschritt der Wissenschaft etwas beizutragen, sollten sich die Freude über die Früchte gemeinsamer Arbeit nicht durch solche Dinge trüben lassen.

Leider hatte dieser freundschaftliche Briefwechsel eine weniger freundschaftliche Fortsetzung. Wie so viele wurde Stark mit dem Aufkommen der Nationalsozialisten zu einem erbitterten doktrinären Kritiker Einsteins und seines Werks.

Im März 1927 hielt Einstein einen Vortrag, der durch einen Zuhörer mitstenographiert wurde. Dieser schlug Arnold Berliner, dem Herausgeber der Zeitschrift ›Die Naturwissenschaften‹, vor, den Vortrag zu veröffentlichen. Berliner nahm mit Einstein Kontakt auf und erhielt folgende Antwort:

Ich bin nicht dafür, daß es abgedruckt wird, weil der Vortrag nicht originell genug ist. Man muß vor allem kritisch gegen sich selbst sein. Den Anspruch gelesen zu werden kann man nur dadurch aufrecht erhalten, daß man alles Unbedeutende verschweigt, wenn es irgend geht.

Am 22. Februar 1949 schrieb Einstein den folgenden Brief an den Schriftsteller Max Brod. Dieser war aufgebracht, weil ein Kritiker in einer Besprechung von Philipp Franks ausgezeichneter Einstein-Biografie eine irreführende Äußerung über ein Buch von Brod gemacht hatte:

Ihr heiliger Eifer in Bezug auf die Kritik im *Literary Supplement* der [London] *Times* hat bei mir gutmütige Heiterkeit hervorgerufen. Da schreibt einer für wenig Geld auf Grund flüchtigen Durchblätterns etwas, was einigermaßen plausibel klingt und was von niemand genau gelesen wird. Wie können Sie sich darüber ernsthafte Gedanken machen. Über mich sind schon massenweise so unverschämte Lügen und freie Erfindungen von Reportern erschienen, daß ich längst unterm Boden wäre, wenn ich mich darum kümmern wollte. Man muß sich damit trösten, daß die Zeit ein Sieb hat, durch welches die meisten Wichtigkeiten ins Meer der Vergessenheit ablaufen und was bei dieser Auslese übrig bleibt, ist oft immer noch fad und schlecht . . .

Der folgende Schlüsselsatz findet sich in einem Brief Einsteins vom 21. März 1930 an seinen Freund Ehrenfest:

Jeder Piepser wird bei mir zum Trompetensolo . . .

An seinen Biografen Carl Seelig schrieb er am 25. Oktober 1953:

Früher dachte ich nicht daran, daß jedes spontan geäußerte Wort aufgegriffen und fixiert werden könnte. Sonst hätte ich mich mehr ins Schneckenhaus verkrochen.

Einstein fand einige Eigenschaften der Engländer etwas verwirrend. So erinnert sich Helen Dukas, Einsteins Sekretärin, daß ein englischer Reporter sie 1930 in Southampton, bei einem Zwischenaufenthalt auf einer Schiffsreise nach Amerika, um ein Interview mit Einstein bat. Da sie Einsteins Wünsche kannte, lehnte sie ab und machte sich auf einen Disput mit dem Reporter gefaßt. Dieser jedoch akzeptierte zu ihrer Überraschung das Nein ohne weitere Diskussion und ging weg. Andere englische Reporter verhielten sich ebenso. Sie erwähnte dies Einstein gegenüber, der am 3. Dezember 1930 in sein Reisetagebuch notierte:

In England sind sogar die Reporter zurückhaltend! Ehre, wem Ehre gebührt. Einmaliges Nein genügt. Die Welt kann da noch viel lernen – nur ich will es nicht und kleide mich stets nachlässig, auch bei dem heiligen Sakrament des Dinners.

Später lud Professor F. A. Lindemann, der dann wissenschaftlicher

Berater Winston Churchills wurde, Einstein nach Oxford ein. Einstein wohnte im Christ Church College, wo sich die Rituale nicht merklich von denen anderer Colleges in Oxford unterschieden. Wie die meisten war Christ Church ein reines Männer-College. Die Zimmer waren kalt. Jeden Abend versammelten sich die fünfhundert Professoren und Studenten in akademischem Habit zum Nachtessen in der großen Halle, wo ein Tischgebet in Lateinisch gesprochen wurde. Einstein bemerkte dazu in seinem Reisetagebuch:

Oxford, 2./3. Mai 1931:
Stilles Dasein in der Klause mit argem Frieren. Abends das feierliche Abendmahl der heiligen Brüderschaft im Frack.

Hier ein Tagebucheintrag ganz anderer Art:

10. Dezember 1931:
Solchen Sturm wie in dieser Nacht habe ich . . . noch nicht mitgemacht . . . Der Anblick des Meeres ist unbeschreiblich großartig, besonders wenn Sonne darauf fällt.
Man ist wie aufgelöst in die Natur. Man fühlt die Belanglosigkeit des Einzelgeschöpfes noch mehr als sonst und ist froh dabei.

Unter eine Porträt-Radierung von Hermann Struck, die er um 1920 einem Freund, dem Arzt Dr. Hans Mühsam in Berlin, schickte, schrieb Einstein:

Am Objektiven gemessen ist es unsäglich wenig, was

der Mensch durch heißes Bemühen der Wahrheit abringt. Aber das Streben befreit uns aus den Fesseln des Ichs und macht uns zu Genossen der Besten.

Seinem Freund Paul Ehrenfest, der ebenfalls theoretischer Physiker war, schrieb Einstein in einem Brief vom 15. März 1922:

Wie armselig steht der theoretische Physiker vor der Natur und vor – seinen Studenten!

In Princeton erhielt Einstein im Dezember 1950 einen langen handgeschriebenen Brief von einem 19jährigen Studenten der Rutgers University, der ihm schrieb: »Mein Problem ist folgendes: Wozu ist der Mensch auf der Welt?« Nachdem er Antworten wie »um Geld zu verdienen«, »um berühmt zu werden« und »um andern zu helfen« verworfen hatte, schrieb er: »Ehrlich gesagt, ich weiß nicht einmal, warum ich aufs College gehe und Ingenieur studiere.« Er fühle, daß der Mensch »ohne jeden Zweck« da sei, und zitierte die folgenden Sätze aus Pascals *Pensées*, die seine eigenen Gefühle treffend zusammenfaßten:

»Ich weiß nicht, wer mich in die Welt gesetzt hat, noch was die Welt ist, noch was ich selber bin; ich bin in einer furchtbaren Unwissenheit über alle Dinge; ich weiß nicht, was mein Leben ist, was meine Sinne sind, was meine Seele ist, ja selbst jener Teil von mir, der das denkt, was ich sage, der über alles und über sich selbst nachdenkt und sich nicht besser erkennt als das Übrige.

Ich sehe diese furchtbaren Räume des Weltalls, die mich umschließen, und ich finde mich an einem Winkel dieser unermeßlichen Ausdehnung gebunden, ohne zu wissen, warum ich grade an diesen Ort gestellt bin und nicht an einen anderen, noch warum mir die kleine Zeitspanne, die mir zum Leben gegeben ist, gerade an diesem und nicht an einem anderen Punkt der ganzen Ewigkeit zugeordnet ist: der Ewigkeit, die mir voraufgegangen ist, und jener, die mir folgt. Ich sehe auf allen Seiten nur Unendlichkeiten, die mich umschließen wie ein Atom und wie einen Schatten, der nur einen Augenblick dauert und nicht wiederkehrt. Alles, was ich weiß, ist, daß ich bald sterben muß, aber was ich am allerwenigsten kenne, ist dieser Tod selbst, dem ich nicht entgehen kann.«

Der Student merkte an, Pascal sehe die Antwort in der Religion, er selbst jedoch nicht. Er führte aus, wie unbedeutend der Mensch

angesichts des Kosmos sei, und fragte Einstein, welches der rechte Weg sei, und warum: »Schonen Sie mich nicht! Sagen Sie mir's offen, wenn ich vom Weg abgekommen bin.«
In seiner Antwort auf diesen gequälten Hilferuf bot Einstein keinen billigen Trost an. Er antwortete aus Princeton wenige Tage nach Erhalt des Briefes, am 3. Dezember 1950:

Ich bin beeindruckt von der Ernsthaftigkeit Ihrer Suche nach dem Sinn für das Leben des Individuums und der Menschheit als ganzem. Meiner Meinung nach gibt es keine angemessene Antwort, wenn man die Frage so stellt. Wenn wir vom Sinn und Ziel einer Handlung sprechen, meinen wir einfach die Frage: Welche Art von Wunsch sollten wir erfüllen durch diese Handlung oder ihre Folgen, oder welche unerwünschten Folgen sollten vermieden werden? Wir können natürlich vom Standpunkt einer Gemeinschaft aus, zu der das Individuum gehört, klar über das Ziel einer Handlung sprechen. In diesem Fall hat das Ziel einer Handlung auch, zumindest indirekt, mit der Wunscherfüllung der Individuen zu tun, die eine Gesellschaft bilden.
Wenn Sie nach dem Zweck oder Ziel einer Gesellschaft als ganzer oder dem eines Individuums als ganzem fragen, verliert die Frage ihren Sinn. Dies trifft natürlich um so mehr zu, wenn Sie nach dem Zweck oder der Bedeutung der Natur im allgemeinen fragen. Denn in diesem Fall scheint es völlig willkürlich, wenn nicht unvernünftig, sich jemanden vorzustellen, dessen Wünsche mit den Geschehnissen in Beziehung stehen.
Nichtsdestoweniger spüren wir alle, daß es tatsächlich

sehr vernünftig und wichtig ist, wenn wir uns fragen, wie wir unser Leben gestalten sollen. Die Antwort ist meiner Meinung nach: Befriedigung der Wünsche und Bedürfnisse aller, soweit dies erreicht werden kann, und das Erlangen von Harmonie und Schönheit in den menschlichen Beziehungen. Dies setzt ein großes Maß an bewußter Überlegung und Selbsterziehung voraus. Kein Zweifel, daß die aufgeklärten Griechen und weisen Orientalen eine höhere Stufe auf diesem überaus wichtigen Gebiet erreicht haben als wir in unseren Schulen und Universitäten. [Original englisch]

Am 28. Oktober 1951 fragte ein graduierter Psychologiestudent in einem wunderbar formulierten Brief Einstein um Rat. Der Student war ein Einzelkind und jüdisch, wenn auch nicht orthodox, erzogen worden. Anderthalb Jahre zuvor hatte er sich in eine junge Baptistin verliebt. In vollem Wissen um die Probleme einer Mischehe und um die Verletzbarkeit durch unüberlegte Bemerkungen anderer hatte das Paar gesellschaftliche Kontakte mit Freunden und Bekannten gepflegt und dabei festgestellt, daß ihre Liebe die Probleme überwinden konnte. Das Mädchen hatte sich spontan bereit erklärt, zum jüdischen Glauben überzutreten, um das Familienleben auf eine homogenere Grundlage zu stellen. Obwohl die Eltern des jungen Mannes das Mädchen mochten, sprachen sie ihre Bedenken gegen diese Mischehe aus. Der Mann war hin und her gerissen zwischen seiner Liebe zu dem Mädchen und dem Wunsch, sich seinen Eltern nicht zu entfremden. Er fragte, ob er nicht recht habe, zu glauben, eine Ehefrau habe Vorrang vor den Eltern, wenn man eine neue Art des Zusammenlebens wage.
Einstein skizzierte auf die Rückseite des Briefes eine Antwort, die allein im Einstein-Archiv erhalten geblieben ist:

Ich muß offen sagen, daß ich es nicht billige, wenn

Eltern auf die Entschließungen ihrer Kinder Einfluß nehmen, die für die Gestaltung ihres Lebens entscheidend sind. Solche Probleme muß jeder für sich selbst lösen.
Wenn Sie aber eine Entscheidung treffen wollen, mit der Ihre Eltern nicht einverstanden sind, so müssen Sie sich fragen: bin ich innerlich unabhängig genug, um entgegen dem Willen der Eltern handeln zu können, ohne dabei mein inneres Gleichgewicht zu verlieren? Wenn Sie dessen nicht sicher sind, so ist der Schritt auch im Interesse des Mädchens nicht zu empfehlen. Davon allein sollten Sie Ihre Entscheidung abhängig machen.

Am 8. Dezember 1952 schrieb ein 20jähriger Philosophiestudent der Brown University Einstein in einem langen enthusiastischen Brief, seit er denken könne, bewundere er ihn zutiefst, und alles, was Einstein beträfe – seine Theorien, seine Ansichten, seine Persönlichkeit – übe eine überwältigende Faszination auf ihn aus. Ob Einstein ihm wohl eine kurze Notiz zukommen lasse. Da Einstein ihn nicht kannte, war sich der Student im klaren, daß er wohl keine persönliche Antwort erhalten würde, hoffte aber dennoch, sie werde irgendeine Mitteilung oder Aussage persönlicher Art enthalten.
Am 9. Dezember 1952 antwortete ihm Einstein:

Für jemanden, der sich sein Leben lang bemüht hat, ein kleines bißchen von der Wahrheit zu erfassen, ist es die schönste Belohnung, wenn er sieht, daß andere sein Werk wirklich verstehen und sich daran freuen. Und so danke ich Ihnen sehr für Ihre freundlichen

Zeilen. Da ich nur wenig Zeit habe, muß ich mich mit einer kurzen Bemerkung begnügen.
Es stimmt, daß die Wahrheit ohne eine empirische Basis nicht zu fassen ist. Je tiefer wir jedoch in sie eindringen und je umfangreicher und umfassender unsere Theorien werden, desto weniger empirisches Wissen braucht es, um diese Theorien zu bestimmen.

[Original englisch]

Am 4. Oktober 1931 hielt Einstein einen Vortrag im Berliner Planetarium. Ein Briefschreiber, der nicht hatte kommen können, las am nächsten Tag in der Zeitung darüber und sandte Einstein den Ausschnitt. Einsteins Aussagen wurden darin folgendermaßen zusammengefaßt:

Zur Aufstellung einer Theorie genügt niemals das bloße Zusammenbringen registrierter Erscheinungen – es muß stets eine freie Erfindung des menschlichen Geistes hinzukommen, die dem Wesen der Dinge näher auf den Leib rückt. Der Physiker darf sich nicht begnügen mit der bloßen phänomenologischen Betrachtung, die nach der Erscheinung frägt, sondern muß vordringen zur spekulativen Methode, welche die Existenzform sucht.

Die Einsteins besaßen in Caputh bei Berlin ein Sommerhaus, an dem sie viel Freude hatten. Es sollte später von den Nationalsozialisten konfisziert werden, und schon 1932 sah die Zukunft schlecht aus. Die Tochter eines Nachbarn in Caputh hatte ein Stammbuch, für das sie Einstein um einen Beitrag bat. Er erfüllte ihre Bitte:

Jugend, weißt du, daß du nicht die erste Jugend bist, die nach einem Leben voll Schönheit und Freiheit lechzte? Jugend, weißt du, daß all deine Vorfahren so waren wie du und der Sorge und dem Haß verfielen?

Weißt du auch, daß deine heißen Wünsche nur dann in Erfüllung gehen können, wenn es dir gelingt, Liebe und Verständnis für Mensch, Tier, Pflanze und Sterne zu erringen, wenn jede Freude deine Freude und jeder Schmerz dein Schmerz sein wird? Öffne deine Augen, dein Herz und deine Hände und meide das Gift, das deine Ahnen aus der Geschichte gierig gesogen haben. Dann wird die Erde dein Vaterland sein und all dein Schaffen und Wirken wird Segen spenden.

Dem Lehrer einer fünften Klasse in Ohio war das Befremden der meisten seiner Schüler aufgefallen, als sie lernten, daß die Menschen zum Tierreich gezählt werden. Er regte sie an, in Briefen große Geister zu fragen, was sie zu der Sache meinten, und sandte am 26. November 1952 eine Auswahl dieser Briefe an Einstein in Princeton. Einstein antwortete am 17. Januar 1953:

Liebe Kinder,

Wir sollen nicht fragen: »Was ist ein Tier«, sondern: »Was für eine Art von Dingen nennen wir ein Tier?« Nun, wir nennen etwas ein Tier, wenn es gewisse Eigenschaften hat. Es nimmt Nahrung auf, stammt von etwa gleich beschaffenen Eltern, es wächst, es bewegt sich selber, es stirbt, wenn seine Zeit vorüber ist. So nennen wir den Wurm, das Huhn, den Hund, den

Affen ein Tier. Was mit uns Menschen? Laßt uns in solcher Art darüber denken und selber entscheiden, ob es natürlich ist, wenn wir uns selbst als Tiere betrachten.

Am 25. Februar 1952 schrieben Vertreter der »Sixth Form Society« eines Gymnasiums in England begeistert an Einstein, er sei einstimmig zum Rector ihrer Gruppe gewählt worden. Freilich brachte der Posten keine Pflichten mit sich, und die Statuten erlaubten der Gruppe überhaupt nicht, einen Rector zu haben. Aber die Schüler glaubten, daß Einstein die Geste als ein Zeichen ihrer Anerkennung für die Größe seines Werks schätzen würde. Am 17. März 1952 antwortete Einstein:

Als alter Schulmeister empfing ich mit großer Freude und mit Stolz die Ernennung zum Rector Ihrer Gesellschaft. Obwohl ich ein alter Zigeuner bin, hat das Alter eine Neigung zur Respektabilität – so auch ich. Dennoch muß ich Ihnen sagen, daß ich ein wenig (aber nicht allzusehr) verwirrt bin durch die Tatsache, daß die Ernennung unabhängig von meiner Zustimmung vorgenommen wurde. [Original englisch]

Einsteins Brief wurde gerahmt und in der Schulbibliothek, wo die »Sixth Form Society« sich zu treffen pflegte, aufgehängt. Vielleicht ist er heute noch dort.

Eine Schülerin der sechsten Klasse einer Sonntagsschule in New York City schrieb mit der Ermutigung ihres Lehrers am 19. Januar 1936 an Einstein und fragte ihn, ob Wissenschaftler beten, und wenn ja, worum sie beten. Einstein antwortete am 24. Januar 1936:

Ich habe Deine Frage so einfach zu beantworten gesucht als es mir möglich war. Hier meine Antwort: Der wissenschaftlichen Forschung liegt der Gedanke zugrunde, daß alles Geschehen durch Naturgesetze bestimmt sei, also auch das Handeln der Menschen. Deshalb wird ein Forscher kaum geneigt sein, zu glauben, daß das Geschehen durch ein Gebet – das heißt, durch einen gegenüber einem übernatürlichen Wesen geäußerten Wunsch – beeinflußt werden könnte.

Allerdings muß zugegeben werden, daß unsere tatsächliche Kenntnis dieser Gesetze nur unvollkommenes Stückwerk ist, sodaß letzten Endes die Überzeugung von der Existenz letzter durchgreifender Gesetze ebenfalls auf einer Art Glauben beruht. Immerhin ist dieser Glaube weitgehend durch die bisherigen Erfolge der Wissenschaften gerechtfertigt.

Andererseits erfüllt aber die Wissenschaft Jeden, der sich ernsthaft mit ihr befaßt, mit der Überzeugung, daß sich in der Gesetzmäßigkeit der Welt ein dem menschlichen ungeheuer überlegener Geist manifestiere, demgegenüber wir mit unseren bescheidenen Kräften demütig zurückstehen müssen. So führt die Beschäftigung mit der Wissenschaft zu einem religiösen Gefühl besonderer Art, welches sich von der Religiosität des naiveren Menschen allerdings wesentlich unterscheidet.

Freundlich grüßt Dich

Es ist erwähnenswert, daß dieser Brief zehn Jahre nach der Aufstellung von Heisenbergs Unschärferelation und der probabilistischen Interpretation der Quantenmechanik, die den strengen Determinismus ablehnt, geschrieben wurde.

Der folgende Brief, am 20. Dezember 1935 von Einstein aus Princeton abgeschickt, spricht glücklicherweise für sich selbst, denn es ist nicht belegt, welche Umstände ihn veranlaßt haben. Der Brief könnte die Antwort auf eine mündliche Anfrage gewesen sein:

Liebe Kinder!
Mit Freude stelle ich mir vor, daß Ihr Kinder zu frohem Feste vereinigt seid beim Glanze der Weihnachtslichter. Denket auch an die Lehre dessen, dessen Geburt Ihr durch dieses Fest feiert. Diese Lehre ist so einfach; und doch hat sie sich in fast 2000 Jahren unter den Menschen nicht durchsetzen können: Lernet froh zu sein durch das Glück und die Freude Eurer Genossen, nicht durch den öden Kampf der Menschen untereinander! Wenn Ihr diesem natürlichen Fühlen in Euch Raum gebt, wird Euch jegliche Bürde dieses Lebens leicht oder doch erträglich werden, und Ihr werdet in Gelassenheit und ohne Furcht Euren Weg finden und überall Freude verbreiten.

Als Antwort auf die mündliche Frage eines Kindes, die seine Mutter übermittelte, schrieb Einstein am 19. Juni 1951:

Eine Erde gibt es seit etwas mehr als einer Billion Jahren. Was die Frage nach ihrem Ende betrifft, so rate ich: abwarten und zusehen!

Er fügte noch ein Postscriptum hinzu:

Ich lege ein paar Briefmarken für Deine Sammlung bei.

[Original englisch]

In Dresden plante ein Regierungsbeamter, der von sich als einem Politiker und einem Psychotherapeuten der Adler-Schule sprach, ein Buch, das auf der Psychoanalyse bedeutender Menschen beruhen sollte. In diesem Zusammenhang schrieb er am 17. Januar 1927 an Einstein in Berlin und fragte, ob er ihn analysieren dürfe.
Es ist nicht bekannt, ob die Antwort wirklich abgeschickt wurde, aber auf dem Brief findet sich, in Einsteins Handschrift, die folgende Skizze einer Antwort:

Ich bedauere, Ihrem Wunsche nicht entsprechen zu können, weil ich gerne im Dunkel des Nicht-Analysiertseins verbleiben möchte.

Anfangs war Einstein dem Werk Freuds nicht gewogen gewesen; später änderte er seine Einstellung. Zu Einsteins fünfzigstem Geburtstag sandte Freud, wie viele andere, Glückwünsche. In seinem Gruß redete er Einstein mit »Sie Glücklicher« an, ein Ausdruck, der Einsteins Neugier weckte. Er antwortete am 22. März aus Berlin:

Verehrter Meister!
Ich danke Ihnen herzlich, daß Sie meiner gedacht haben. Warum betonen Sie bei mir das Glück? Sie, der Sie in die Haut so vieler Menschen, ja der Mensch*heit* geschlüpft sind, hatten doch keine Gelegenheit, in die meine zu schlüpfen!
In aller Hochschätzung und mit herzlichen Wünschen

Freud antwortete erklärend, er erachte Einstein als glücklich, weil niemand, der nicht mit Physik vertraut wäre, sich anmaßen würde, Einsteins Werk zu beurteilen, während sein eigenes Werk dem Urteil von jedermann unterworfen sei, ob er etwas von Psychologie verstände oder nicht.

Am 20. Januar 1921 schrieb der Herausgeber einer deutschen Zeitschrift, die sich mit moderner Kunst befaßte, an Einstein in Berlin, er sei überzeugt, daß es eine enge Verbindung zwischen den Entwicklungen der Kunst und den wissenschaftlichen Ergebnissen einer jeden Epoche gäbe. Er bat Einstein, über dieses Thema einige Abschnitte zur Veröffentlichung in seiner Zeitschrift zu schreiben. Am 27. Januar 1921 antwortete Einstein:

Ohne das Bewußtsein, daß ich irgendetwas Originelles oder gar der Veröffentlichung Würdiges zu dem von Ihnen genannten Thema zu sagen hätte, sende ich Ihnen die beiliegende aphoristische Äußerung, um Ihnen meinen guten Willen zu beweisen. Wenn meine Tinte weniger dickflüssig wäre, würde ich dem in Ihrem freundlichen Brief geäußerten Wunsch durch ein üppigeres Opus gerecht geworden sein.

Die »aphoristische Äußerung«, die in der Zeitschrift veröffentlicht wurde, lautete:

Das Gemeinsame am künstlerischen und wissenschaftlichen Erleben

Wo die Welt aufhört, Schauplatz des persönlichen Hoffens, Wünschens und Wollens zu sein, wo wir uns ihr als freie Geschöpfe bewundernd, fragend, schauend gegenüberstellen, da treten wir ins Reich der Kunst und Wissenschaft ein. Wird das Geschaute und Erlebte in der Sprache der Logik nachgebildet, so treiben wir Wissenschaft, wird es durch Formen vermittelt, deren Zusammenhänge dem bewußten Denken unzugänglich, doch intuitiv als sinnvoll erkannt sind, so treiben wir Kunst. Beiden gemeinsam ist die liebende Hingabe an das Überpersönliche, Willensferne.

Eine Nachbemerkung: Als die Nationalsozialisten an die Macht kamen, versuchte der Herausgeber der Zeitschrift, der nicht Jude war, aus Deutschland zu fliehen. Als er an der Grenze aufgehalten wurde, nahm er sich das Leben.

Die folgenden beiden Aphorismen notierte Einstein 1937 in Huntington, N. Y. Obwohl sie sicherlich nicht vom obigen Beitrag beeinflußt sind, stehen sie doch in Zusammenhang mit ihm:

Körper und Seele sind nicht zwei verschiedene Dinge, sondern nur zwei verschiedene Arten, dasselbe Ding wahrzunehmen. Entsprechend sind Physik und Psychologie nur zwei verschiedenartige Versuche, unsere Erlebnisse auf dem Weg systematischen Denkens miteinander zu verknüpfen.

Politik ist ein durch beständig verjüngte Illusionen beseeltes Pendeln zwischen Anarchie und Tyrannei.

Der folgende Aphorismus wurde Einstein von einem südamerikanischen Schriftsteller, der ihn als Motto zu einem seiner Briefe verwendete, zugeschrieben. Da er Bemerkungen, die Einstein im Gespräch häufig machte, getreu widerspiegelt, mag er als echt akzeptiert werden.

Nationalismus ist eine Kinderkrankheit. Die Masern der menschlichen Rasse.

Am 17. Juli 1953 sandte eine Frau, die als Baptistische Pfarrerin ordiniert war, einen warmherzig verständnisvollen, evangelischen Brief an Einstein. Sie zitierte mehrere Stellen aus der Heiligen Schrift und fragte Einstein, ob er die Beziehung seiner unsterblichen Seele zu ihrem Schöpfer bedacht hätte und ob er die Gewißheit eines ewigen Lebens mit Gott nach dem Tode fühle.
Es ist nicht bekannt, ob die Antwort abgeschickt wurde, aber der Brief findet sich im Einstein-Archiv, und auf ihm steht in Einsteins Handschrift der folgende Satz:

Ich glaube nicht an die Unsterblichkeit des Individuums, und ich betrachte die Ethik als ausschließlich menschlichen Belang, der keine übermenschliche Autorität hinter sich hat. [Original englisch]

1954 oder 1955 bekam Einstein einen Brief, der eine seiner Äußerungen über den Stellenwert der Intelligenz im Universum mit der offensichtlich entgegengesetzten Ansicht eines bekannten Evolutionisten konfrontierte. Es ist nicht bekannt, ob der folgende Entwurf einer Antwort abgeschickt wurde.

Das Mißverständnis hier kommt durch eine schlechte Übersetzung eines deutschen Textes, insbesondere der Gebrauch des Wortes »mystical«. Ich habe nie der Natur eine Absicht oder einen Zweck zugeschrieben, überhaupt nichts anthropomorphisch zu Deutendes. Was ich in der Natur sehe, ist eine großartige Struktur, die wir nur sehr unvollkommen zu erfassen vermögen und die einen vernünftigen Menschen mit einem Gefühl von »Humility« erfüllen muß. Dies ist ein echt religiöses Gefühl, das nichts mit Mystizismus zu schaffen hat.

Im Februar 1921 erhielt Einstein in Berlin von einer Frau aus Wien einen beschwörenden Brief mit der Frage, ob er sich eine Meinung gebildet habe darüber, ob es eine Seele gäbe und mit ihr eine individuelle, persönliche Entwicklung nach dem Tod. Der Brief enthielt noch mehrere Fragen dieser Art. Einstein antwortete am 5. Februar 1921 recht ausführlich. Hier ein Teil seiner Antwort:

Der mystische Zug unserer Zeit, welcher sich besonders in dem Wuchern der sogenannten Theosophie und dem Spiritismus zeigt, ist für mich nur ein Symptom von Schwäche und Zerfahrenheit.
Da unsere seelischen Erlebnisse in Reproduktionen und Kombinationen sinnlicher Eindrücke bestehen, so scheint mir die Konzeption einer Seele ohne Körper leer und nichtssagend.

Der Vertreter einer Niederlassung des amerikanischen Verlags McGraw-Hill sollte an der jährlichen Konferenz der »American Library Association« die Begrüßungsansprache halten. Am 1. April 1948 bat er Einstein in einem Brief um Hilfe. Er schrieb, Buchhändler und Verleger seien in gleicher Weise besorgt über das schwindende Interesse an populärwissenschaftlichen Büchern. Er fragte Einstein, worin er die Gründe für dieses Schwinden sähe, und erwähnte, daß ähnliche Briefe an andere namhafte Wissenschaftler und Sachbuchautoren gesandt worden seien. Einstein, der schon lange sehr rigorose Ansichten über die Popularisierung der Wissenschaft hatte, schrieb unverzüglich folgenden Brief:

Nach meiner Ansicht ist die Situation die folgende: Die meisten Bücher über Wissenschaft, die für den Laien Verständlichkeit beanspruchen, gehen mehr darauf aus, den Leser zu beeindrucken (»awe-inspiring«, wie weit haben wir es gebracht!) als ihm die elementaren Ziele und Methoden klar zu machen. Wenn der intelligente Laie ein paar solche Bücher in die Hand bekommen hat, so wird er völlig entmutigt. Sein Ergebnis ist: »Ich bin zu schwachköpfig und muß es aufgeben.« Dazu kommt, daß die ganze Darstellung meist sensationell ist, was ebenfalls den verständigen Laien abstößt.

Mit einem Wort: die Schuld liegt nicht bei den Lesern sondern bei den Autoren und Verlegern. Mein Vorschlag: Kein solches Buch sollte gedruckt werden, bevor festgestellt wird, daß es von einem intelligenten, kritischen *Laien* verstanden und geschätzt wird.

Dieser Brief ist anscheinend bisher nicht publiziert worden. Es scheint sinnvoll, hier den Anfang eines Briefes zu zitieren, den Einstein am 28. Januar 1952 in englischer Sprache an die Zeitschrift ›Popular Science Monthly‹ sandte. Er wurde in dieser Zeitschrift veröffentlicht. Der Herausgeber hatte einen Brief bekommen von einem ergriffenen Leser, der nach Forschungen Einsteins fragte, von denen Einstein nach den Worten des Lesers gesagt haben sollte, sie würden »die Geheimnisse des Universums erklären«. Der Herausgeber bat Einstein, die Frage des Lesers zu beantworten. Einstein besorgte das mit einfachen, undramatischen Worten. Aber er konnte nicht umhin, folgende Bemerkungen an den Anfang seines Briefes zu stellen:

Ich bin nicht schuld, wenn Laien eine so übertriebene Vorstellung von der Bedeutung meiner Bemühungen erhalten. Dies kommt vielmehr von den Popularisatoren und ganz besonders von den Zeitungskorrespondenten her, die alles nach Möglichkeit in einem sensationellen Lichte darstellen.

Hier zwei Beiträge, die wir für zusammengehörig erachten. Naturgemäß erhielt Einstein sehr viele Briefe von Leuten, die glaubten, sie hätten eine Idee von großer wissenschaftlicher Bedeutung. Manchmal ging Einstein die Geduld aus. Das ist hier der Fall: am 7. Juli 1952 hatte er den Brief eines Künstlers in New York City erhalten. Am 10. Juli 1952 antwortete Einstein aus Princeton:

Besten Dank für Ihren Brief vom 7. Juli. Sie scheinen ein lebender Behälter aller leeren Ausdrücke zu sein, die unter den Intellektuellen in diesem Land in Mode sind. Wenn ich Diktator wäre, würde ich die Verwendung all dieser unseligen Geistlosigkeiten verbieten.

[Original englisch]

Am 22. März 1954 sandte ein Selfmademan einen langen handgeschriebenen Brief – vier dichtbeschriebene Seiten in englischer Sprache – an Einstein in Princeton. Der Schreiber klagte darüber, daß es so wenige Leute gäbe, die wie Einstein den Mut hätten, sich offen zu äußern, und er fragte sich, ob es nicht das beste wäre, die Welt wieder den Tieren zu überlassen. »Ich nehme an, daß Sie wissen möchten, wer ich bin«, fuhr er fort und erzählte ausführlich, wie er als Neunjähriger aus Italien in die Vereinigten Staaten gekommen sei, mit zehn zu arbeiten begonnen habe und mit 17 eine Abendschule besuchte; jetzt habe er als Maschinenprüfer einen ordentlichen Beruf, ein eigenes Geschäft und einige auf seinen Namen laufende Patente. Er bezeichnete sich als Atheisten. Er sagte, alle wirkliche Erziehung stamme aus der Lektüre. Er zitierte einen Artikel über die religiösen Ansichten Einsteins und gab seinen Zweifeln an der Genauigkeit des Artikels Ausdruck. Er sprach abfällig über verschiedene Aspekte der offiziellen Religion, etwa über die Millionen Leute, die in vielen Sprachen zu Gott beten, und bemerkte, daß Gott ein enormes geistliches Personal haben müsse, um sich über alle ihre Sünden auf dem laufenden zu halten. Er schloß seinen Brief mit einer langen Erörterung der sozialen und politischen Systeme Italiens und der Vereinigten Staaten, die hier nicht im einzelnen beschrieben

werden kann. Er legte auch einen Scheck bei, den Einstein für einen wohltätigen Zweck verwenden sollte.
Am 24. März 1954 antwortete Einstein:

Ich bekomme Hunderte und Aberhunderte von Briefen, aber selten ist einer so interessant wie der Ihre. Ich glaube, daß Ihre Ansichten über unsere Gesellschaft recht vernünftig sind.
Was Sie über meine religiösen Überzeugungen gelesen haben, war natürlich eine Lüge; eine Lüge, die systematisch wiederholt wird. Ich glaube nicht an einen persönlichen Gott, und ich habe das nie geleugnet, sondern klar zum Ausdruck gebracht.
Wenn etwas in mir ist, das religiös genannt werden kann, dann ist es die grenzenlose Bewunderung der Struktur der Welt, so weit unsere Wissenschaft sie sichtbar machen kann.
Es ist mir nicht möglich, das Geld, das Sie mir geschickt haben, einem geeigneten Empfänger zu übergeben. Ich schicke es deshalb in Anerkennung Ihres guten Herzens und Ihrer guten Absicht zurück.
Ihr Brief zeigt mir auch, daß Weisheit nicht ein Ergebnis der Schulbildung ist, sondern das Resultat lebenslangen Bemühens, sie zu erreichen. [Original englisch]

Im September 1920 besuchte Einstein Stuttgart, um einen Vortrag zu halten. Während dieses Aufenthalts lud seine Frau Elsa alle ihre Cousins und Cousinen zu einem Besuch und einer Spazierfahrt ein, vergaß aber unglücklicherweise deren Kinder, unter ihnen die achtjährige Elisabeth Ney. Einstein, der wußte, daß das Mädchen Sinn für Humor hatte, neckte sie am 30. September 1920 mit der folgenden Postkarte:

Liebes Frl. Ney,
Von Elsa höre ich, daß Du nicht zufrieden bist, weil Du den Onkel Einstein nicht gesehen hast. Ich sage Dir daher, wie ich aussehe: Bleiches Gesicht, lange Haare und eine Art bescheidenes Bäuchlein. Dazu ein eckiger Gang und eine Zigarre im Maul, wenn er eine hat, und einen Federhalter in der Tasche oder in der Hand. Krumme Beine und Warzen hat er aber nicht, ist also ganz hübsch, auch keine Haare an den Händen wie oft häßliche Männer. Also doch schade, daß Du mich nicht gesehen hast.
Sei herzlich gegrüßt von
Deinem Onkel Einstein.

Am 12. April 1950 schrieb ein entfernter Verwandter aus Paris an Einstein, sein Sohn habe gerade sein Physik- und Chemiestudium begonnen und wäre stolz, wenn er einige Worte vom berühmtesten Mitglied der Familie erhielte.
Am 18. Mai 1950 antwortete Einstein und begann mit einem kleinen Reim:

So wie's nun ist, fühl' ich mich recht verlegen,
Wär' ich ein Pfaff' gäb' ich gern meinen Segen!

So freue ich mich, von Ihnen gehört zu haben, sowie davon, daß sich Ihr Sohn der Physik widmen will. Ich kann aber nicht verschweigen, daß dies eine harte Sache ist, wenn man sich nicht mit oberflächlichen Resultaten zufrieden geben will. Am besten scheint es mir, inneres Streben und Metier zu trennen, soweit es möglich ist. Es ist nicht gut, wenn das tägliche Brot an Gottes außergewöhnlichen Segen gebunden ist.

Die Jahre vergingen, und am 1. März 1954 schrieb der Verwandte nochmals an Einstein, um zu berichten, was unterdessen passiert war. Der Sohn hatte Einsteins Brief rahmen lassen und in seiner Bude über dem Bett aufgehängt. Einsteins Worte, sagte der Verwandte, hätten offenbar eine magische Kraft gehabt, denn der Sohn hatte seine erste Diplomprüfung als Klassenbester bestanden. Als ihm eine Belohnung nach Wahl angeboten wurde, beispielsweise ein Skiurlaub oder Geld, hatte der Sohn scheu gefragt, ob er vielleicht eine signierte Photographie seines berühmten Mentors und Ideals haben dürfe.

Einstein sandte die signierte Photographie postwendend.

Am 11. Juli 1947 schrieb ein Farmer aus Idaho an Einstein, er habe seinem Sohn den Namen Albert gegeben; ob er ihm ein paar Worte schreiben würde, die er »als Talisman« aufbewahren könne, um den Sohn anzuspornen, wenn er größer werde. Am 30. Juli 1947 antwortete Einstein:

Alles wirklich Wertvolle kommt nicht aus dem Ehrgeiz oder aus dem Pflichtgefühl, sondern aus der Liebe und Devotion gegenüber Menschen oder objectiven Dingen.

Der stolze Vater legte seiner Antwort eine Photographie seines kleinen Albert bei und schrieb, er werde Einstein als Zeichen seiner Wertschätzung einen Sack Idaho-Kartoffeln schicken. Es wurde ein ziemlich großer Sack.

Zwischen Einstein und König Albert und Königin Elisabeth von Belgien entspann sich eine bemerkenswerte Freundschaft: teils aufgrund einer Reihe geschichtemachender wissenschaftlicher Tagungen in Brüssel, teils durch die gemeinsame Liebe zur Musik, und vor allem durch gegenseitige Hochachtung. Die Art der Freundschaft zeigt sich lebhaft in den folgenden Ausschnitten aus einem Brief, den Einstein 1931 aus Brüssel an seine Frau Elsa schrieb und in dem er von einem Besuch im Palast erzählt:

... wo ich mit rührender Herzlichkeit aufgenommen wurde. Diese beiden Leutchen sind von einer Reinheit und Güte, die selten zu finden ist. Erst unterhielten wir uns eine Stunde. Dann kam eine englische Musikantin und wir musizierten zu viert, bezw. zu dritt (eine musikalische Hofdame war auch noch da) ein paar Stunden lang und sehr vergnügt. Dann gingen alle weg, und ich war allein bei Königs zum Essen; ohne Bedienung, vegetarisch. Spinat mit Setzei und Kartoffeln, punktum. (Es war nicht vorausberechnet, daß ich blieb). Es gefiel mir dort über die Maßen und ich bin sicher, daß dieses Gefühl gegenseitig ist.

Die Freundschaft mit der königlichen Familie von Belgien dauerte an und vertiefte sich. In einem Brief an Einstein in Deutschland, der vom 30. Juli 1932 datiert, legt Königin Elisabeth Photographien bei, die sie von ihm gemacht hat, und erzählt ihm, wieviel Freude es ihr bereitet habe, sich mit ihm zu unterhalten und im Park spazierenzugehen; und sie schreibt, sie habe seine klare Erläuterung der kausalen und der probabilistischen Theorie nicht vergessen. Am 19. September 1932 antwortete Einstein:

Es war eine große Freude für mich, Ihnen von den Mysterien zu erzählen, vor die uns die Physik stellt. Man hat als Mensch gerade noch so viel Verstand mitbekommen, daß man von seiner intellektuellen Ohnmacht dem Seienden gegenüber eine deutliche Vorstellung erlangen kann. Die Welt des Menschengetriebes würde schöner aussehen, wenn diese Demut allen mitgeteilt werden könnte.

Am 9. Februar 1931 schrieb Einstein aus Santa Barbara, Kalifornien, an die Königin:

Zwei Tage weilte ich in dieser Ecke der Sorglosen, wo Wind, Hitze und Kälte unbekannt sind. Da zeigte man mir gestern eine verträumte Villa (Bliss), in welcher Sie vor ein paar Jahren einige frohe und stille Tage verbracht haben sollen.
Schon zwei Monate bin ich in diesem Lande der Gegensätze und Überraschungen, wo man abwechselnd bewundern und kopfschütteln muß. Man merkt, daß man an dem alten Europa mit seinen Nöten und Schmerzen hängt, und kehrt gerne wieder zurück.
Sie und Ihren Herrn Gemahl grüßt in frohem Gedenken der schönen in Brüssel verbrachten Stunden

Zwei Jahre später, am 19. Februar 1933, sandte Einstein, wiederum aus Santa Barbara, der Königin einen kleinen Zweig und den folgenden Vierzeiler:

Ein Baum im Klostergarten stand
Der war gepflanzt von Ihrer Hand

Ein Zweiglein sendet er zum Gruß,
Weil er dort stehen bleiben muß.

Die Königin antwortete am 15. März 1933 aus dem Palast in Laeken. Zu der Zeit waren die Nationalsozialisten an die Macht gekommen, hatten Einsteins Vermögen konfisziert und ihn überall verfemt. Am Ende ihres Gedichts spielt die Königin hierauf an und spielt auch mit dem Namen »Einstein«:

Das Zweiglein brachte mir den Gruß
Vom Baum der stehen bleiben muß,
Auch von dem Freund der ihn gepflückt,
Und mich damit so sehr beglückt.
Ich rufe Dank viel tausend Mal
Übers Meer und Berg und Tal,
Und wünsch', da alle Steine wanken jetzt,
Ein Stein doch bleibe unverletzt!

Im Januar 1934 waren die Einsteins, die nun in Princeton dauernde Zuflucht gefunden hatten, zu Gast bei Präsident Roosevelt und seiner Gattin im Weißen Haus. Im Lauf der Unterhaltung erinnerte man sich voller Herzlichkeit der Königin. Einstein wollte, daß sie davon erführe, und so schrieb er die folgenden Verse zum Lob des Präsidenten. Sie datieren vom 25. Januar 1934 und wurden auf Schreibpapier des Weißen Hauses an die Königin gesandt.

In der Hauptstadt stolzer Pracht
Wo das Schicksal wird gemacht
Kämpfet froh ein stolzer Mann
Der die Lösung schaffen kann.

Beim Gespräche gestern Nacht
Herzlich Ihrer ward gedacht

Was berichtet werden muß
Darum send' ich diesen Gruß.

Als die Einsteins 1933, kurz nach der Machtergreifung der Nationalsozialisten, aus Pasadena nach Europa zurückkehrten, war es nicht ganz zufällig, daß sie auf dem winzigen Le Coq-sur-mer im Atlantik Zuflucht fanden. Denn Le Coq gehörte zu Belgien. König Albert und Königin Elisabeth waren sehr besorgt um Einsteins Sicherheit. Es gingen Gerüchte um, die Nationalsozialisten hätten auf Einsteins Ergreifung eine Belohnung ausgesetzt, und König Albert ordnete an, daß zwei Leibwachen ihn Tag und Nacht beschützten.

Der folgende Brief Einsteins, aus Princeton abgesandt und an Königin Elisabeth gerichtet, datiert ein wenig später und zeigt noch eine andere Seite ihrer Freundschaft. Der Brief erwähnt »die Barjanskys« kurz. Mr. und Mrs. Barjansky waren sowohl mit Einstein als auch mit dem belgischen Königspaar befreundet. Mr. Barjansky spielte Cello im Quartett der Königin, und seine Frau, die Bildhauerin war, gab der Königin Unterricht. Daß der folgende Brief geschrieben wurde, geht auf eine Initiative der Barjanskys zurück. Folgendes war geschehen: Im Frühjahr 1934 verunglückte König Albert beim Bergsteigen tödlich, und im Spätsommer des folgenden Jahres kam die neue Königin Astrid, die Schwiegertochter Elisabeths, dreißigjährig bei einem Autounfall ums Leben. Der doppelte Schlag traf Elisabeth tief. Sie fiel in einen Zustand völliger psychischer Erstarrung. Zum Schrecken der ihr Nahestehenden konnte sie sich nicht einmal mehr überwinden, mit dem Quartett zu musizieren oder an ihren Skulpturen zu arbeiten.

Mrs. Barjansky schrieb Einstein hiervon und deutete an, daß ein Brief von ihm der Königin helfen könnte. Einsteins Brief datiert vom 20. März. Die Jahreszahl fehlt, aber es ist fast sicher, daß es sich um das Jahr 1936 handelt.

Verehrte Königin,
Heute ist zum ersten Mal in diesem Jahr die Frühlingssonne erschienen und weckte mich aus dem gleichmä-

ßigen Traumzustand, in den die wissenschaftliche Arbeit unsereinen versetzt. Da steigen Gedanken herauf vom früheren farbigeren Leben und auch von schönen Stunden in Brüssel.

Frau Barjansky schrieb mir, wie schwer Sie am Leben leiden und wie sehr Sie durch das unsäglich Schmerzliche, das Sie erlitten haben, gelähmt sind.

Und doch sollten wir diejenigen nicht beklagen, die nach glücklichem fruchtbaren Wirken in der Blüte ihrer Kraft von uns gegangen sind und denen es vergönnt war, in vollem Maße ihre Lebensaufgabe zu erfüllen.

Was den älteren Menschen erfrischend beleben kann, ist die Freude am Treiben der Jungen, eine Freude, die in diesen verworrenen Zeiten allerdings durch bange Ahnungen verdüstert wird. Und doch erweckt die Sonne des Frühlings neues Leben wie früher und wir dürfen uns darüber freuen und zur Entfaltung dieses Lebens beitragen, und Mozart ist so schön und zart geblieben, wie er immer war und sein wird. Es gibt doch etwas Ewiges, das der Hand des Schicksals und aller menschlichen Verblendung entrückt ist. Und diese ewigen Dinge stehen dem älteren Menschen näher als dem zwischen Furcht und Hoffnung pendelnden jüngeren Menschen. Uns bleibt es vorbehalten, das Schöne und Wahre am reinsten zu erleben.

Haben Sie je die Maximen von La Rochefoucauld gelesen; sie scheinen sehr herb und düster, bringen aber durch ihre Objektivierung der menschlichen und allzumenschlichen Natur eine seltsame Befreiung. Da hat sich einer frei gemacht, der es nicht leicht gehabt hat, das schwere Gepäck von Leidenschaft loszuwerden, das ihm die Natur auf den Lebensweg mitgab. Am hübschesten liest sich dies mit Menschen zusammen, deren Schifflein durch manchen Sturm gegangen ist, z. B. mit den guten Barjanskys. Ich täte auch gern mit, wenn es das große Wasser nicht verbieten würde.

Es ist mir vergönnt, hier in Princeton auf einer Schicksalsinsel zu leben, die in mancher Beziehung Ähnlichkeit hat mit dem lieblichen Schloßgarten in Laeken. Auch hierher in dies kleine Universitätsstädtchen dringen kaum die wirren Stimmen des menschlichen Kampfes. Ich schäme mich fast in solcher Ruhe zu leben, während sonst alles kämpft und leidet. Aber schließlich ist es doch am besten, sich um die ewigen Dinge zu bemühen; denn von ihnen allein strömt jener Geist aus, der der Menschenwelt Ruhe und Freude zurückbringen kann.

Indem ich von Herzen hoffe, daß der Frühling auch Ihnen stille Freude bringe und Sie zu frohem Tun anrege, grüßt Sie mit besten Wünschen.

Wenig ist bekannt über den folgenden Beitrag. Aus seinem Inhalt kann man schließen, daß er im Sommer 1933 entstanden ist, als Einstein in Le Coq war.

Sie fragen mich, was ich dachte, als ich davon erfuhr, daß die Potsdamer Polizei mein Sommerhaus überfiel, um da nach verborgenen Waffen zu suchen.
Es fiel mir das deutsche Sprichwort ein: Jeder nimmt das Maß nach seinen eigenen Schuhen.

Einstein bemerkte einmal, daß ein ruhiger und einsamer Beruf wie der eines Leuchtturmwächters für einen in Gedanken vertieften Gelehrten oder theoretischen Physiker das Ideale wäre. Für einen Einstein könnte das zutreffen. Aber wie steht es mit seiner Annahme, daß andere unter so strengen Bedingungen gedeihen könnten? Sie könnte uns an das deutsche Sprichwort erinnern.

Die beiden folgenden Beiträge haben, jeder auf seine Art, in den dunklen Tagen der Machtübernahme der Nationalsozialisten sicherlich Einsteins Stimmung gehoben.
Der holländische Astronom W. de Sitter schrieb an Einstein, nachdem er erfahren hatte, daß dessen Eigentum in Deutschland beschlagnahmt worden war, auch im Namen seiner Kollegen und bot ihm finanzielle Unterstützung an. Am 5. April 1933 antwortete Einstein:

In solchen Zeiten hat man Gelegenheit, seine wirklichen Freunde kennen zu lernen. Ich danke Ihnen herzlich für Ihre Hilfsbereitschaft. In Wahrheit geht es mir aber sehr gut, sodaß ich nicht nur mit den Meinen durchkommen sondern noch andere über Wasser halten kann. Aus Deutschland werde ich allerdings wohl kaum etwas retten, weil man ein Verfahren wegen Hochverrates gegen mich angestrengt hat. Der Physiologe [Jacques] Löb sagte mir gesprächsweise einmal, daß die politischen Führer eigentlich alle Pathologen sein müßten, da ein normaler Mensch keine so ungeheure Verantwortung tragen könne, wenn er die Konsequenz seiner Entschlüsse und Handlungen so wenig überschauen könne. Wenn dies auch etwas übertrieben sein mag, so trifft es doch gegenwärtig in Deutschland in vollem Maße zu. Kurios ist nur das vollständige Versagen der sogenannten geistigen Aristokratie.

Während eines Besuchs in England im Jahr 1933, nachdem er Deutschland für immer verlassen hatte und kurz bevor er in die Vereinigten Staaten ging, um seine Stelle am Institute for Advanced Studies in Princeton, New Jersey, anzunehmen, erhielt Einstein Post von einem Briefschreiber, dessen Kenntnisse in der Physik kaum als umfassend bezeichnet werden können. Beispielsweise schrieb der Betreffende, nach seinem Verständnis bewege sich die Erde so schnell, daß sie unbewegt erscheine. Des weiteren schrieb er allen Ernstes, daß aufgrund der Schwerkraft ein Mensch manchmal aufrecht stehe, manchmal auf dem Kopf, manchmal stehe er im rechten Winkel von der Erde ab und manchmal, wie er sich ausdrückte, »im linken Winkel«. Nun fragte er, ob vielleicht die Menschen sich verlieben und andere verrückte Dinge unternehmen würden, während sie auf dem Kopf stünden. Soweit es bekannt ist, wurde der Brief nicht beantwortet. Aber auf dem Brief notierte Einstein die folgenden Worte:

Sich verlieben ist gar nicht das Dümmste, was der

Mensch tut – die Gravitation kann aber nicht dafür verantwortlich gemacht werden.

Kurz nach seiner Ankunft in Princeton wurde Einstein von einer Zeitschrift Erstsemestriger, ›The Dink‹, um einen Beitrag gebeten. Seine Antwort wurde im Dezember 1933 publiziert:

Ich freue mich, daß ich unter Euch jungem und frohem Volk leben werde. Wenn Euch ein alter Student etwas in kurzen Worten sagen kann, so ist es dies: Sehet im Studium nie eine Pflicht sondern die beneidenswerte Gelegenheit, die befreiende Schönheit auf dem Gebiet des Geistes kennen zu lernen zu Eurer eigenen Freude und zugunsten der Gemeinschaft, der Euer späteres Wirken gehört.

Am 24. März 1951 schrieb eine Collegestudentin aus Kalifornien an Einstein in Princeton, ob er sich wohl daran erinnere, das kleine Observatorium dort eingeweiht zu haben. Außerdem fragte sie ihn um Rat. Sie interessierte sich seit langem für Astronomie und wollte Astronomin werden. Zwei ihrer Lehrer hatten ihr jedoch gesagt, es gäbe schon zu viele Astronomen, und ohnehin wäre sie nicht gut genug, um auf diesem Gebiet Erfolg zu haben. Sie räumte ein, daß sie in Mathematik nicht gerade glänzend sei, und fragte Einstein, ob sie in der Astronomie fortfahren oder sich nach etwas anderem umsehen sollte. Einstein antwortete:

Wissenschaft ist eine wunderbare Sache, wenn man nicht davon leben muß. Den Lebensunterhalt verdienen durch eine Arbeit, von der man sicher ist, daß man sie zu tun fähig ist. Dann allein kann man sich freuen an wissenschaftlichem Streben, für das man niemand Rechenschaft schuldet.

Obwohl dieser Rat sich speziell an eine Studentin richtete, die Einstein kaum kannte, betrachtete er ihn als grundsätzlich und allgemein anwendbar. Er kannte den Streß, unter dem man steht, wenn von einem immer neue Ideen erwartet werden. Als er einmal nach Berlin eingeladen war, verglich er sich mit einer Henne, die fortwährend Eier legen soll. Er machte oft geltend, daß der Möchtegernwissenschaftler oder der Gelehrte seinen Lebensunterhalt mit einem anspruchslosen Beruf wie dem eines Schusters verdienen sollte, um so den Druck des Publikationszwangs zu vermeiden, der die Freude in der kreativen Arbeit unterhöhlt und einen dazu bringt, oberflächliche Resultate zu publizieren.
Schließlich hatte der große Philosoph Spinoza, den Einstein verehrte, sein Brot als Linsenschleifer verdient, und er selbst erinnerte sich oft mit nostalgischem Vergnügen an die Zeit, als er beim Patentamt in Bern arbeitete, während er einige seiner wichtigsten Entdeckungen machte.
Der folgende Beitrag dient als weitere Illustration zu diesem Thema. Am 14. Juli 1953 schrieb ein Inder aus Delhi einen langen Brief, in dem er Einstein um Hilfe bat. Der Absender war ein zweiunddreißigjähriger Junggeselle, der den Rest seines Lebens mit nichts anderem als mathematischen und physikalischen Forschungen verbringen wollte, obwohl er, wie er einräumte, »entsetzlich schwach« in diesen Fächern war. Er hatte keinen Pfennig, was auch dadurch bestätigt wurde, daß er den Brief nicht frankiert hatte. Finanzielle Knappheit in jungen Jahren hatte ihn daran gehindert, ein gutes Grundwissen in Wissenschaft und Mathematik zu erlangen, obwohl er sich brennend für diese Fächer interessierte. Familiäre Umstände hatten ihn gezwungen, einen Beruf anzunehmen und seinen Lebensunterhalt zu verdienen, was seiner inneren Berufung zuwiderlief. Glücklicherweise war er ein Jahr zuvor nach einem kleinen Streit aus seiner Stelle entlassen worden und war also frei, seiner wahren Berufung zu folgen, nur leider ohne jedes Einkommen, um Leib und Seele zusammenzuhalten. Mit oder ohne Hilfe war er entschlossen, bis an

sein Lebensende weiterzumachen, allerdings würde eine kleine finanzielle Unterstützung sein Leben erleichtern, und so hoffte er, daß Einstein ihm helfen würde. Am 28. Juni 1953 antwortete Einstein ziemlich ausführlich in einem Brief, der nicht nur wegen seiner Höflichkeit interessant ist:

Ich habe Ihren Brief erhalten und bin beeindruckt von Ihrem brennenden Wunsch, im Studium der Physik fortzufahren. Allerdings muß ich gestehen, daß ich mit Ihrer Einstellung keineswegs einverstanden bin. Wir alle zehren von der Arbeit unserer Mitmenschen, und wir müssen ehrlich dafür bezahlen, nicht nur mit Arbeit, die wir zu unserer inneren Befriedigung gewählt haben, sondern auch durch Arbeit, die der allgemeinen Meinung nach unseren Mitmenschen dient. Sonst wird man ein Parasit, was für bescheidene Ansprüche man auch haben mag. Dies ist ganz besonders der Fall in Ihrem Land, wo die Arbeit der Gebildeten in dieser Zeit des Kampfes für wirtschaftlichen Fortschritt doppelt gebraucht wird.

Das ist eine Seite der Sache. Aber es gibt noch eine andere Seite, die auch dann betrachtet werden müßte, wenn Sie genügend Mittel hätten, um Ihre Tätigkeit frei wählen zu können. Im Bemühen wissenschaftlicher Arbeit ist die Chance, etwas von wirklichem Wert zu erreichen, sogar für sehr begabte Leute äußerst klein, so daß die Wahrscheinlichkeit, daß Sie sich in fortgeschrittenem Alter frustriert fühlen würden, immer sehr groß bliebe.

Es gibt nur einen Ausweg: Verwenden Sie die meiste Zeit auf praktische Arbeit, als Lehrer oder auf einem andern Gebiet, das Ihrer Begabung entspricht, und verbringen Sie die restliche Zeit mit Forschen. So werden Sie in der Lage sein, in jedem Fall ein normales und harmonisches Leben zu führen, sogar ohne die besondere Gnade der Musen. [Original englisch]

Einsteins Abneigung gegenüber dem akademischen Produktionsdruck bezog sich auch auf den Sesseltanz um Lehrstühle. Am 5. Mai 1927, als die wissenschaftliche Welt sich fragte, wer wohl den Lehrstuhl von Planck an der Universität von Berlin übernehmen würde, schrieb Einstein an seinen Freund Paul Ehrenfest in Holland:

Ich bin gottlob abseits und brauche mich nicht mehr am Wettrennen der Geister zu beteiligen. Eine Beteiligung daran ist mir immer als schlimme Sklaverei erschienen, nicht weniger als die Sucht nach Geld oder Macht.

Eine handschriftliche Stellungnahme Einsteins wurde im Zionistischen Archiv in Jerusalem gefunden. Sie stammt vom 3. Oktober 1933; an diesem Tag fand in der Albert Hall in London eine Massenveranstaltung zur Unterstützung geflohener Gelehrter statt, an der neben andern Prominenten auch Einstein sprach. Kurz darauf übersiedelte Einstein von England in die Vereinigten Staaten, um nie mehr nach Europa zurückzukommen. Es ist nicht bekannt, an wen die Botschaft adressiert war. Man sieht in ihr eine Reaktion auf die Massenentlassungen jüdischer Gelehrter durch die Nationalsozialisten.

Der Wert des Judentums liegt ausschließlich in seinem geistigen und ethischen Gehalt und in demjenigen der einzelnen Juden. Deshalb war das Studium mit Recht von Alters her die geheiligte Bemühung der Fähigen unter uns. Dies will aber nicht sagen, daß wir von geistiger Arbeit unseren Lebensunterhalt bestreiten sollen, wie es unter uns leider allzuviel der Fall ist. Wir müssen in dieser schweren Zeit alles daran setzen, eine Anpassung an das praktisch Nötige zu finden, ohne von der Liebe zum Geistigen und der Pflege der Studien abzulassen.

In einem an Einstein in Princeton gerichteten Brief, der vom 30. März 1935 datiert, zitierte der Absender die folgende Aussage, welche die ›New York Herald Tribune‹ Einstein zugeschrieben hatte: »Es gibt keine deutschen Juden; es gibt keine russischen Juden; es gibt keine amerikanischen Juden; es gibt nur Juden.« Der Absender hatte das Gefühl, Einstein müsse falsch zitiert worden sein, und betonte unter anderem, daß »Leute jüdischen Glaubens« in deutschen, russischen und amerikanischen Armeen kämpften und für die Sache ihrer jeweiligen Staaten einständen.
Am 3. April 1935 antwortete Einstein:

Im letzten Grunde ist jeder ein Mensch, gleichgültig ob Amerikaner, Deutscher, Jew or Gentile. Wenn es möglich wäre, mit diesem allein würdigen Standpunkt auszukommen, wäre ich ein glücklicher Mensch. Ich finde es traurig, daß im heutigen praktischen Leben Trennungen nach Staatszugehörigkeit und kultureller Tradition eine so erhebliche Rolle spielen. Da dies nun aber einmal unabänderlich ist, darf man sich der Wirklichkeit gegenüber nicht verschließen.
Was nun die eine alte Traditionsgemeinschaft bildende Judenheit anbelangt, so lehrt deren Leidensgeschichte, daß – mit den Augen des Historikers gesehn – das Jude-

Sein sich in stärkerem Maße ausgewirkt hat als die Zugehörigkeit zu politischen Gemeinschaften. Wenn zum Beispiel die deutschen Juden aus Deutschland vertrieben werden, so hören sie auf, Deutsche zu sein, ändern ihre Sprache und ihre politische Zugehörigkeit, aber sie bleiben Juden. Warum dies so ist, ist gewiß eine schwierige Frage; ich sehe den Grund in der Hauptsache nicht in Merkmalen der Rasse, sondern in fest eingewurzelten Traditionen, die sich keineswegs auf das Religiöse beschränken. An dieser Tatsache wird dadurch nichts geändert, daß Juden als Bürger bestimmter Staaten in deren Kriegen zum Opfer fallen.

Im obigen Brief wird der Zionismus nicht eigens erwähnt; er spielte jedoch eine wichtige Rolle in Einsteins Denken. Anfang des Jahres 1919 – vor der Verifizierung der *Allgemeinen Relativitätstheorie* durch die Sonnenfinsternis vom 29. Mai, und somit vor Einsteins Weltruhm – hatte Kurt Blumenfeld, ein offizieller Vertreter des Zionismus, ihm gegenüber das Thema angeschnitten. Zwei Jahre später überredete Blumenfeld Einstein, eine Einladung Chaim Weizmanns zu einer gemeinsamen Reise in die Vereinigten Staaten anzunehmen, um Mittel für die Gründung einer Hebräischen Universität in Jerusalem aufzubringen. Weizmann, das Oberhaupt der zionistischen Weltbewegung – er sollte später der erste Präsident des Staates Israel werden –, war selber Wissenschaftler. Von der gemeinsamen Schiffsreise über den Atlantik erzählte er: »Einstein erklärte mir seine Theorie jeden Tag von neuem, und bei meiner Ankunft war ich voll überzeugt, daß er sie verstanden hatte.«
Hier ist ein Teil eines Briefes, den Einstein am 14. März 1921 an seinen Freund Heinrich Zangger schrieb:

Samstag gehts auf die Rutsch nach Amerika, und zwar nicht um an Universitäten zu sprechen (was wohl nebenbei auch geschehen wird), sondern wegen der Gründung der jüdischen Universität in Jerusalem. Ich empfinde lebhaft das Bedürfnis, etwas für diese Sache zu tun.

Und hier ein Teil eines Briefes vom 18. Juni 1921 an den befreundeten Physiker Paul Ehrenfest:

Der Zionismus stellt wirklich ein neues jüdisches Ideal dar, das dem jüdischen Volk wieder Freude an seiner Existenz geben kann . . . Ich bin sehr froh, Weizmanns Einladung Folge geleistet zu haben.

Für viele Juden war Einstein eine Gestalt von außerordentlicher symbolischer Bedeutung geworden. 1923, als er den Scopus besuchte, den Ort, an dem die Hebräische Universität errichtet werden sollte, wurde er eingeladen, »von dem Pult, das zweitausend Jahre auf Sie gewartet hat«, zu sprechen.
In einem an Paul Ehrenfest gerichteten Brief vom 12. April 1926 schrieb Einstein in bezug auf die Hebräische Universität:

Ich glaube, daß diese Sache nach und nach prächtig werden wird; mein jüdisches Heiligenherz frohlockt.

Einem jüdischen Antizionisten antwortete Einstein (wahrscheinlich im Januar 1946):

Es ist nach meiner Ansicht ungerecht, die zionist. Bewegung als »nationalistisch« zu verurteilen. Theodor Herzl kam dadurch zu seiner Mission, daß er – vorher rein kosmopolitisch eingestellt – während des

Dreyfus-Prozesses in Paris plötzlich mit aller Deutlichkeit fühlte, wie prekär die Situation der Juden in den westlichen Ländern war. Und er zog mutig die Konsequenzen. Wir werden zurückgesetzt oder erschlagen, nicht weil wir Deutsche, Franzosen, Amerikaner etc. »jüdischen Glaubens« sind, sondern einfach weil wir Juden sind. So ist es schon durch unsere äußere prekäre Lage bedingt, daß wir unabhängig von unserer Staatsangehörigkeit zusammenhalten müssen. Der Zionismus hat den deutschen Juden keinen erheblichen Schutz gegen Vernichtung gegeben, wohl aber den Überlebenden die innere Kraft, den Zusammenbruch mit Würde zu überstehen, ohne das gesunde Selbstgefühl zu verlieren. Denken Sie daran, daß vielleicht Ihren Kindern ein ähnliches Schicksal beschieden sein mag!

Und im März 1955, weniger als einen Monat vor seinem Tod, schrieb Einstein an den schon erwähnten Kurt Blumenfeld, der ihm den Zionismus nahegebracht hatte:

Ich danke Ihnen noch nachträglich daß Sie mir geholfen haben, mir die jüdische Seele zu Bewußtsein zu bringen.

Sam Gronemann war ein vielbeschäftigter Mann: Jurist in Berlin, Schriftsteller, Dramatiker und prominenter Zionist, der das nationalsozialistische Deutschland verließ, um sich in Israel niederzulassen. Am 13. März 1949 sandte er zu Einsteins siebzigstem Geburtstag einen Brief aus Tel Aviv, der die folgenden Verse enthielt:

Auch wer der Relativität
Lehre doch nicht ganz versteht
Und wem die Koordinaten
Niemals was zuleide taten,
Auch für diesen doch ergibt sich,
Wenn man jung noch ist mit siebzig,
Dann beweist man damit faktisch
Jene Lehre doch auch praktisch.

Und wenn heute wohl in Mengen
Gratulanten Sie bedrängen,
Will auch ich mich nicht genieren
Uns und Ihnen gratulieren.
Als Unsrer gilt er ohne Fehl
Dem Volk vom Lande Israel.

Einstein antwortete umgehend:

Worum andre sich oft grämen
Weißt du mit Humor zu nehmen
Denn du hast dir halt gedacht
Daß uns Gott so hat gemacht.

Der mit Unrecht sich tat rächen
Er, der selber schuf die Schwächen
Denen wehrlos wir erliegen
Ob in Elend, ob in Siegen.

Statt mit sturem Ernst zu richten
Bringst Erlösung durch dein Dichten
Daß die Frevler und die Frommen
All auf ihre Rechnung kommen.

Im Einstein-Archiv befindet sich ein Brief vom 5. August 1927, den ein Bankier aus Colorado an Einstein in Berlin schrieb. Aus den Anfangsworten – »Vor mehreren Monaten schrieb ich Ihnen folgendes« – kann man schließen, daß Einstein einen ersten Brief unbeantwortet gelassen hatte. Der Bankier bemerkte, die meisten Wissenschaftler und ähnlichen Leute hätten die Vorstellung von Gott als einer bärtigen, gütigen, von Engeln umgebenen Vatergestalt aufgegeben; trotzdem würden viele aufrichtige Leute so einen Gott anbeten und verehren. Die Frage nach Gott war im Lauf einer Diskussion in einem literarischen Kreis aufgetaucht, und einige der Mitglieder hatten beschlossen, hervorragende Persönlichkeiten um geeignete Beiträge zur Veröffentlichung zu bitten. Der Briefschreiber fügte die Namen von etwa zwei Dutzend Nobelpreisträgern hinzu, die schon geantwortet hatten, und gab der Hoffnung Ausdruck, daß Einstein sich nun auch entschließen würde. Das folgende schrieb Einstein auf den Brief. Ob eine Antwort abgeschickt wurde, ist unbekannt.

Ich kann mir keinen persönlichen Gott denken, der die Handlungen der einzelnen Geschöpfe direkt beeinflußte oder über seine Kreaturen direkt zu Gericht säße. Ich kann es nicht, trotzdem die mechanistische Kausalität von der modernen Wissenschaft bis zu einem gewissen Grade in Zweifel gestellt wird. Meine Religiosität besteht in einer demütigen Bewunderung des unendlich überlegenen Geistes, der sich in dem Wenigen offenbart, was wir mit unserer schwachen und hinfälligen Vernunft von der Wirklichkeit zu erkennen vermögen. Moral ist eine höchst wichtige Sache, aber für uns, nicht für Gott.

Hier ein Ausschnitt aus einem Brief, den Einstein am 24. Januar 1938 an Cornelius Lanczos schrieb. Er ist höchst bedeutsam für das vorliegende Thema:

Vom skeptischen Empirismus etwa Mach'scher Art herkommend hat das Gravitationsproblem mich zu einem gläubigen Rationalisten gemacht, d. h. zu einem, der die einzige zuverlässige Quelle der Wahrheit in der mathematischen Einfachheit sucht.

Wenn Einstein von der Gravitation spricht, bezieht er sich hier auf seine *Allgemeine Relativitätstheorie*, die Frucht von zehn Jahren inspirierter Arbeit (1905–1915). Dazu kam es durch ein Gefühl ästhetischen Unbehagens. Nach der *Speziellen Relativitätstheorie* von 1905 war die gleichförmige Bewegung relativ. Einstein fand es häßlich, nur einen speziellen Typ relativer Bewegung zu haben. Wenn gleichförmige Bewegung relativ war, sollte es alle Bewegung sein. Aber offenbar zeigte die alltägliche Erfahrung, daß ungleichförmige Bewegung absolut sei. Angesichts einer solchen Evidenz hätte ein geringerer Mann die Achseln gezuckt und beschlossen, daß man diese ästhetische Unvollkommenheit eben tolerieren müsse. Nicht so Einstein. Von einem ästhetischen Zwang getrieben, nahm er sich die alltägliche Erfahrung nochmals vor und sah zu seiner Überraschung und Freude, daß tatsächlich alle Bewegungen als relativ interpretiert werden konnten. Wir können hier nicht darauf eingehen, wie diese Einsicht ihn zu den die Gravitation betreffenden Gleichungen führte, die von transzendenter Schönheit sind. Aber wir können sehen, woran Einstein dachte, wenn er in seinem Brief an Lanczos schrieb, er sei zu einem gläubigen Rationalisten geworden, zu einem, der nach mathematischer Einfachheit sucht, die er als Schönheit versteht.
Lassen wir uns durch das Wort »gläubig« nicht verwirren! Einstein suchte nach Schönheit im Universum, lange bevor er seine *Allgemeine Relativitätstheorie* entwickelt hatte; dies wird klar durch die Tatsache, daß diese Theorie aus einem ästhetischen Unbehagen entstand. Sein Glaube – sein religiöser Glaube – an die Einfachheit, Schönheit und Erhabenheit des Universums war die Hauptquelle der Inspiration in seiner Wissenschaft. Er wertete wissenschaftliche Theorien, indem er sich fragte, ob er, wenn er Gott wäre, das Universum auf diese Art gemacht hätte.

Es folgen Auszüge aus zwei anderen Briefen, die Einstein aus Princeton an Lanczos schrieb. Am 14. Februar 1938:

Ich habe mich mit diesem Grundproblem der Elektrizität nun mehr als 20 Jahre geplagt und bin recht mutlos geworden, ohne davon loskommen zu können. Ich bin überzeugt, daß eine ganz neue Erleuchtung kommen muß und glaube andererseits, daß die Flucht in die Statistik nur als vorübergehender Ausweg anzusehen ist, der an dem Wesentlichen vorbei geht.

Am 21. März 1942:

Sie sind der einzige mir bekannte Mensch, der dieselbe Einstellung zur Physik hat wie ich: Glaube an Erfaßbarkeit der Realität durch etwas logisch Einfaches und Einheitliches . . . Es scheint hart, dem Herrgott in seine Karten zu gucken. Aber daß er würfelt und sich »telepathischer« Mittel bedient (wie es ihm von der gegenwärtigen Quantentheorie zugemutet wird) kann ich keinen Augenblick glauben.

Hier sehen wir Einsteins lebhafte Art, die Quantentheorie zu betrachten und seine Unzufriedenheit auszudrücken über ihre Ablehnung des Determinismus und ihre Begrenztheit auf statistische, probabilistische Voraussagen. Einstein war selbst ein Pionier in der Entwicklung der Quantentheorie, aber er blieb überzeugt, daß man zu einer andern Interpretation kommen müsse. Er brachte die Frustration, die ihn nie verließ, in einem Brief vom 12. Juli 1924 an Paul Ehrenfest lebendig zum Ausdruck:

Je mehr man den Quanten nachjagt, desto besser verbergen sie sich.

Ein Rabbiner aus Chicago, der einen Vortrag über »Die religiösen Implikationen der Relativitätstheorie« hielt, schrieb am 20. Dezember 1939 an Einstein in Princeton, um ihm einige Fragen zum Thema zu stellen. Einstein antwortete:

Ich glaube nicht, daß die Grundgedanken der Relativitätstheorie in anderer Weise Beziehungen zur religiösen Sphäre beanspruchen können als die wissenschaftliche Erkenntnis überhaupt. Diese Beziehung sehe ich darin, daß tiefe Zusammenhänge in der objektiven Welt durch logisch einfache Gedanken erfaßt werden können. Dies ist allerdings in der Relativitätstheorie in besonders vollkommenem Maße der Fall.
Das religiöse Gefühl, welches durch das Erlebnis der logischen Faßbarkeit tiefliegender Zusammenhänge ausgelöst wird, ist von etwas anderer Art als dasjenige Gefühl, welches man gewöhnlich als religiös bezeichnet. Es ist mehr ein Gefühl der Ehrfurcht für die in den Dingen sich manifestierende Vernunft als solcher, welches nicht zu dem Schritte führt, eine göttliche Person nach unserem Ebenbilde zu formen – eine Person, die an uns Forderungen stellt und an unserem individuellen Sein Interesse nimmt. Es gibt darin weder einen Willen noch ein Ziel noch ein Soll, sondern nur ein Sein.
Deshalb sieht unsereiner in dem Moralischen eine rein menschliche Angelegenheit – aber allerdings die wichtigste in der menschlichen Sphäre.

Die folgende Stellungnahme Einsteins datiert vom September 1937. Über die Tatsache hinaus, daß sie mit der *Preaching Mission* (Predigtmission) zu tun hat, sind keine Umstände bekannt, die ihre Abfassung veranlaßt haben. Vielleicht ist sie als Antwort auf die persönliche Anfrage eines Mitglieds des Theologischen Seminars in Princeton entstanden, aber das ist eine bloße Vermutung.

Unsere Zeit ist ausgezeichnet durch wunderbare Leistungen auf den Gebieten des wissenschaftlichen Verstehens und der technischen Anwendung der gewonnenen Einsichten; wer würde sich dessen nicht freuen? Indessen dürfen wir nicht vergessen, daß Wissen und Können allein die Menschen nicht zu einem würdigen und glücklichen Leben zu führen vermag. Die Menschheit hat allen Grund dazu, die Verkünder hoher moralischer Normen und Werte höher zu stellen als die Entdecker objektiver Wahrheit. Was die Menschheit Persönlichkeiten wie Buddha, Moses und Jesus verdankt, steht mir höher als alle Leistungen des forschenden und konstruktiven Geistes.

Die Gaben dieser Begnadeten müssen wir hüten und mit all unseren Kräften lebendig zu erhalten suchen, wenn das Menschengeschlecht nicht seine Würde, die Sicherheit seiner Existenz und die Freude am Dasein verlieren soll.

Der folgende Entwurf fand sich unter einer Vielzahl von Papieren, die von Einsteins letztem Aufenthalt in Pasadena im Winter 1932/33 nach Le Coq gebracht wurden. Auf dem Blatt findet sich weder ein Datum noch ein Hinweis auf den Anlaß der Abfassung. Es mag sich um eine Antwort auf den Brief eines einzelnen oder einer Gruppe handeln; es kann aber auch ein Aphorismus sein, der durch eine

Prahlerei der Nationalsozialisten veranlaßt wurde. Jedenfalls ist es etwas, das für sich selbst und als Botschaft an uns alle stehen kann:

Brüstet Euch nicht mit den paar bedeutenden Männern, die im Laufe der Jahrhunderte ohne Euer Verdienst auf Eurer Erde geboren wurden. Denket lieber darüber nach, wie Ihr sie jeweilen behandelt und wie Ihr ihre Lehren befolgt habt.

Am 25. Februar 1931 erhielt Einstein in Berlin einen tief pessimistischen Brief, der von der Ernüchterung über die technologischen Wunder des Zeitalters sprach und erklärte, für die meisten Leute wäre das Leben eine bittere Enttäuschung. Der Briefschreiber fragte sich, ob es überhaupt sinnvoll sei, daß sich die Menschheit weiter fortpflanze. Einstein antwortete am 7. April 1931:

Ich bin nicht Ihrer Meinung. Ich habe mein eigenes Leben stets für interessant und lebenswert gehalten und glaube fest daran, daß Möglichkeit und Aussicht dafür besteht, das Leben der Menschen im allgemeinen lebenswert zu gestalten. Die objektiven und psychologischen Möglichkeiten dafür scheinen mir durchaus gegeben zu sein.

Natürlich war Einstein sich bewußt, daß Leid ein Teil des Lebens ist. Am 26. April 1945 schrieb er den folgenden Beileidsbrief an ein Arztehepaar, das einen Enkel oder ein Kind verloren hatte. Der Arzt war in der Zeit des Nationalsozialismus in der Flüchtlingshilfe aktiv gewesen.

Ich bin tief erschüttert von der Nachricht über den furchtbaren Schlag, der über Sie beide so plötzlich und unerwartet hereingebrochen ist. Es ist das Schwerste, was älteren Menschen begegnen kann, und es ist kein Trost, daß so ungezählte Tausende von solchem Schicksal heimgesucht werden. Ich wage keinen Versuch Sie zu trösten, aber es drängt mich, Ihnen zu sagen, wie tief und schmerzlich ich mit Ihnen fühle und mit mir alle, die Ihre Herzensgüte kennengelernt haben.
Wir Menschen leben gewöhnlich in der Illusion einer Sicherheit und eines Zuhause-Seins in einer vertraut anmutenden physischen und menschlichen Umgebung. Wenn aber der Gang des Alltäglichen, Erwarteten unterbrochen wird, bemerken wir, daß wir sind wie Schiffbrüchige, die im offenen Meer auf einer elenden Planke balanzieren und vergessen haben, woher sie kommen, und nicht wissen, wohin sie treiben. Wenn man sich aber einmal in diese Erkenntnis wirklich hineingefunden hat, lebt sichs leichter, und es gibt keine einzige Enttäuschung mehr.
Hoffend, daß sich die Planken, auf denen wir schwimmen, bald wieder begegnen, grüßt Sie herzlich . . .

Der folgende Satz steht in einem Brief, den Einstein am 9. Juli 1952 an Cornelius Lanczos sandte:

Man ist in eine Büffelherde geboren und muß froh sein, wenn man nicht vorzeitig zertrampelt wird.

Der Botaniker A. V. Fric fand in der dünnen Atmosphäre auf dem höchsten Berggipfel der Cordilleren eine kleine, bisher unbekannte, blühende Kaktuspflanze. In einem glänzend formulierten Bericht gab er ihr den Namen »Einsteinia« und sandte Einstein eine Kopie des Berichts. Am 9. September 1933 antwortete Einstein aus Le Coq:

Sehr geehrter Herr:
Sie haben mir durch Ihre zarte Aufmerksamkeit eine große Freude bereitet. Die Benennung ist insofern treffend, als man nicht nur das Pflänzchen sondern auch mich auf dem ätherischen Gipfel nicht in Ruhe gelassen hat.
In dankbarer Anerkennung Ihrer sympathischen Geste bin ich . . .

Die folgenden Verse finden sich in Einsteins Handschrift unter einer Fotografie von ihm, die er 1927 an Mrs. Cornelia Wolf, eine alte Freundin, sandte:

Wo ich geh und wo ich steh
Stets ein Bild von mir ich seh,
Auf dem Schreibtisch, an der Wand
Um den Hals am schwarzen Band.

Männlein, Weiblein wundersam
Holen sich ein Autogramm,
Jeder muß ein Kritzel haben
Von dem hochgelehrten Knaben.

Manchmal frag in all dem Glück
Ich im lichten Augenblick:
Bist verrückt du etwa selber
Oder sind die andern Kälber?

Mit dieser Widmung verbindet sich eine interessante Geschichte. Während des Zweiten Weltkriegs reiste Mrs. Wolf per Schiff nach Havanna und dann nach Kalifornien. Das Schiff legte in Trinidad an, wo ein britischer Beamter sie befragte (sie hatte einen deutschen Paß) und ihr Gepäck zu durchsuchen begann. Obwohl sie wußte, daß die Briten den Passagieren nicht erlaubten, irgendwelche Fotos oder Briefe mitzunehmen, hatte sie es doch nicht über sich gebracht, das Bild von Einstein zurückzulassen. Als der Beamte das Foto fand, stellte er sein Verhör sofort ein und fragte sehr höflich, ob er es ausleihen dürfe, um das Gedicht abzuschreiben und seinen Kollegen zu zeigen. Sie sagte ihm, es läge sogar in seiner Macht, das Bild zu behalten, aber er gab zur Antwort, er würde es am nächsten Tag, bevor das Schiff weiterführe, zurückgeben. Das tat er denn auch mit der allergrößten Höflichkeit, und es gab keine weitere Befragung oder Gepäckdurchsuchung.

Einstein spielte leidenschaftlich gern Geige, und seine Geige war sein ständiger Begleiter. Die Komponisten des achtzehnten Jahrhunderts waren seine Lieblinge. Er liebte die Musik Bachs und Mozarts. Für Beethoven hegte er mehr Bewunderung als Liebe, und zu den späteren Komponisten hatte er weniger Beziehung. Mit seinem Ruhm einher ging ein intensives und ihn oft ermüdendes Interesse an allen Seiten seines Lebens. Wenn beispielsweise eine deutsche Wochenzeitschrift ihm 1928 einen Fragebogen über Johann Sebastian Bach nach Berlin sandte, erstaunt es nicht, daß Einstein nicht antwortete. Der Herausgeber geduldete sich eine Weile und schickte dann am 24. März eine zweite Anfrage. Diesmal antwortete Einstein – die Post war damals noch schneller – am gleichen Tag mit den folgenden brüsken Worten:

Was ich zu Bach's Lebenswerk zu sagen habe: Hören, spielen, lieben, verehren und – das Maul halten.

Später im gleichen Jahr befragte ein anderes Blatt Einstein über seine Meinung zu einem andern Komponisten, und am 10. November 1928 antwortete Einstein:

Zu Schubert habe ich nur zu bemerken: Musizieren, Lieben – und Maulhalten!

Etwa zehn Jahre später traf, wieder von einem anderen Absender, ein eingehenderer Fragebogen zu Einsteins musikalischem Geschmack ein, und diesmal war die Antwort ausführlicher. Der Fragebogen scheint verlorengegangen zu sein, aber aus Einsteins Antworten, die als Datum nur die Jahreszahl 1939 tragen, kann man mehr oder weniger auf die Fragen schließen.

(1) Bach, Mozart und einige alte Italiener und Engländer sind meine Lieblinge in der Musik. Beethoven erheblich weniger, wohl aber Schubert.
(2) Ob mir Bach oder Mozart mehr bedeutet kann ich unmöglich sagen. Ich suche in der Musik keine Logik, sondern bin überhaupt ganz unbewußt, kenne keine Theorien. Nie gefällt mir ein Werk, dessen innere Einheit ich nicht gefühlsmäßig erfassen kann. (Architektur)
(3) Händel empfinde ich immer gut, ja vollkommen, aber von einer gewissen Flachheit. Beethoven ist mir zu dramatisch und zu persönlich.
(4) Schubert ist mir einer der liebsten wegen seines ungeheuer vollkommenen Gefühlsausdruckes und seiner gewaltigen melodiösen Erfindungskraft. Bei den größeren Werken stört mich aber ein gewisser Mangel an Architektonik.
(5) Schumann ist für mich in den kleinen Dingen reizvoll durch Originalität und Gefühlsreichtum, aber der Mangel an formaler Größe läßt mich nicht zur vollkommenen Freude kommen. Bei Mendelssohn empfinde ich bedeutende formale Begabung, aber einen undefinierbaren Mangel an Tiefe, der oft bis zur Banalität geht.
(6) Von Brahms finde ich ein paar Lieder und Kammermusik-Werke wirklich bedeutend, auch im Aufbau. Die meisten Werke aber haben für mich keine innere Überzeugungskraft. Ich begreife nicht, daß es notwendig war, sie zu schreiben.

(7) Wagners Erfindung bewundere ich, empfinde aber den Mangel an architektonischer Struktur als Decadence. Außerdem empfinde ich die musikalische Persönlichkeit als unbeschreiblich widerwärtig, sodaß ich ihn meist nur mit Widerwillen anhören kann.
(8) Strauss empfinde ich als begabt, aber ohne innere Wahrhaftigkeit und nur auf äußere Wirkung bedacht. Ich kann nicht sagen, daß mir die moderne Musik überhaupt gestohlen werden kann. Debussy empfinde ich als feinfarbig, aber strukturarm. Große Begeisterung kann ich für so etwas nicht aufbringen . . .

Im großen und ganzen waren die Werke der modernen Komponisten seiner Zeit also wenig anziehend für Einstein. Er schätzte aber Ernest Bloch persönlich sehr, und am 15. November 1950 schrieb er, offenbar als Antwort auf eine Anfrage:

Meine Kenntnisse in der modernen Musik sind sehr beschränkt. Aber in einer Hinsicht bin ich sicher: Wahre Kunst wird durch einen unwiderstehlichen Drang im kreativen Künstler charakterisiert. Ich kann diesen Drang im Werk von Ernest Bloch spüren wie in wenigen der späteren Musiker. [Original englisch]

Als der große Dirigent Arturo Toscanini im Januar 1938 mit der American Hebrew Medal ausgezeichnet wurde, schrieb Einstein die folgenden Worte, die vermutlich bei der Verleihung vorgelesen wurden:

Ein wirklicher Meister kann nur einer sein, der sich einer Sache mit ganzer Kraft und ganzer Seele hingibt.

Deshalb verlangt Meisterschaft einen ganzen Mann. Dies zeigt Toscanini in jeder seiner Lebensäußerungen.

Im Oktober 1928 fragte ein Briefschreiber Einstein in Berlin unter anderem, ob seine musikalische Tätigkeit einen Einfluß auf sein hauptsächliches, von der Musik so verschiedenes Arbeitsfeld hätte. Einstein antwortete am 23. Oktober 1928:

Die Musik *wirkt* nicht auf die Forschungsarbeit, sondern beide werden aus derselben Sehnsuchtsquelle gespeist und ergänzen sich bezüglich der durch sie gewährten Auslösung.

Dr. Otto Juliusburger, ein Freund Einsteins, war von Beruf Psychiater und hatte eine Praxis in Berlin. Er war auch eine Art Experte für Spinoza und Schopenhauer. Als Jude war er sich der wachsenden Gefahr im nationalsozialistischen Deutschland bewußt. 1937 gelang es ihm, nacheinander seine beiden Kinder in die Vereinigten Staaten zu schicken, und kurz vor der systematischen Vernichtung der Juden in den Gaskammern konnten die Eltern ihren Kindern folgen. Wir veröffentlichen hier Ausschnitte aus Briefen Einsteins an Juliusburger, die sich mit verschiedenen Themen befassen, und einen Ausschnitt aus einem Brief Juliusburgers an Einstein. Am 28. September 1937 schrieb Einstein aus Princeton an Juliusburger, der noch in Berlin war, er sei froh, daß der Sohn schon in den Vereinigten Staaten sei, und er hätte, was die Aufnahme der Tochter beträfe, ermutigende Worte gehört. Nach Ausführungen über andere Dinge schrieb er schließlich von seinen laufenden Bemühungen in der Forschung, die in Zusammenhang standen mit seiner langen Suche nach einer einheitlichen Feldtheorie, die Gravitation und Elektromagnetismus verbinden würde. Hier die Schlußabschnitte des Briefes:

Immer noch kämpfe ich mit denselben Problemen wie vor 10 Jahren. Kleines gelingt, aber das eigentliche Ziel bleibt mir unerreichbar, wenn es auch manchmal in greifbare Nähe gerückt scheint. Es ist hart aber doch beglückend, hart, weil das Ziel zu groß ist für meine Kräfte, aber beglückend, weil es immunisiert gegen die Zwischenfälle des persönlichen Daseins.

In die Menschenwelt hier lebe ich mich nicht mehr hinein, dazu war ich schon zu alt, als ich herkam und – es war eigentlich in Berlin und früher in der Schweiz auch nicht anders. Zum Einspänner ist man schon geboren. Sie verstehen das, weil Sie auch so einer sind.

Am 2. August 1941 – die Familie Juliusburger war inzwischen wohlbehalten in die Vereinigten Staaten gelangt – schrieb Einstein:

Ich preise mich glücklich, Euch nach so vielen Jahren hier begrüßen zu dürfen. Ich hatte mir Schweigen auferlegt, weil jede Zeile von mir nach Barbarien den Adressaten gefährdet. Ihr lieber Schopenhauer hat einmal gesagt, daß die Menschen in ihrem Jammer es nicht zur Tragödie bringen, sondern daß sie dazu verdammt sind, in der Tragikomödie stecken zu bleiben. Wie wahr das ist, und wie oft habe ich diesen Eindruck erlebt. Gestern vergöttert, heute gehaßt und angespuckt, morgen vergessen und übermorgen zum Heiligen avanciert. Nur der Humor rettet über alles hinweg, den wollen wir festhalten, solange der Schnaufer dauert.

Der folgende Brief Einsteins an Juliusburger datiert vom 30. September 1942. Die Grüße im ersten Abschnitt beziehen sich möglicherweise auf das jüdische Neujahrsfest.

Ich war sehr gerührt über Ihre lieben Zeilen und gratuliere herzlich nachträglich. Ich weiß, daß ich so viel Rühmens nicht im Entferntesten verdiene, freue mich aber über die herzliche Gesinnung, die aus Ihren Worten leuchtet.
Ich glaube, wir dürfen nun doch hoffen, zu erleben,

daß von dem unaussprechlichen Unrecht etwas gesühnt wird. Aber all der Jammer, all die Verzweiflung, all die sinnlosen Vernichtungen von Menschenleben können nicht wieder gut gemacht werden. Wir dürfen aber doch hoffen, daß es auch den stumpfsten Geschöpfen eingehämmert werden wird, daß Lüge und Vergewaltigung nicht für die Dauer triumphieren können.

An Ihnen sieht man, was für einen unerschütterlichen Halt das Streben nach Wahrheit verleihen kann. Auch ich verdanke dieser Einstellung die einzige wahre Befriedigung. Man fühlt es, daß man in der zeitlosen Gemeinschaft der Menschen dieser Art eine Art Zuflucht hat, die keine Verzweiflung und kein Gefühl hoffnungsloser Vereinsamung aufkommen läßt.

In einem Brief vom September 1942 an Einstein in Princeton erinnerte Juliusburger an die Begräbnisfeier für Einsteins Schwiegermutter, etwa fünfzehn Jahre zuvor, bei der Einstein, als sie das Grab verließen, zu ihm gesagt hatte:

Die Schlußworte des schönen Gebetes »Der Herr hat gegeben, der Herr hat genommen, der Name des Ewigen sei gepriesen!« – bedeuten die Fülle des Lebens, das immer gibt und wieder nimmt, um abermals zu geben.

Am 11. April 1946 schrieb Einstein an Juliusburger:

Sie nehmen eine entschiedene Stellung ein bezüglich

Hitlers Verantwortlichkeit. Ich habe eigentlich nie an diese feineren Unterscheidungen geglaubt, die durch Juristen den Medizinern aufgezwungen werden. Es gibt ja objektiv keine Willensfreiheit. Ich denke, daß wir uns gegen Menschen schützen müssen, die für andere eine Gefahr sind, ganz unabhängig davon, wie ihre Handlungen determiniert sein mögen. Was braucht es da das Kriterium der Verantwortlichkeit? Ich glaube, daß der erschreckende Verfall im ethischen Verhalten der Menschen in erster Linie mit der Mechanisierung und Entpersönlichung unseres Lebens zu tun hat – ein verhängnisvolles Nebenprodukt der Entwicklung des wissenschaftlich-technischen Geistes. Nostra culpa! Ich sehe nicht den Weg, um diesem verhängnisvollen Mangel beizukommen. Der Mensch erkaltet schneller als der Planet, auf dem er sitzt.

Und am 29. September 1947:

Ich erfahre von verschiedenen Freunden, daß Sie (kaum möcht ichs für möglich halten!) in diesen Tagen Ihren 80. Geburtstag feiern. Solche Menschen wie wir beide sterben zwar wie alle, aber sie werden nicht alt, solange sie leben. Ich meine damit, sie stehen immer noch neugierig wie Kinder vor dem großen Rätsel, in das wir mitten hineingesetzt sind. Dies gibt eine Distanz gegenüber allem Unbefriedigenden in der menschlichen Sphäre – und das ist nicht wenig. Wenn ich morgens den Ekel über das bekomme, was einem die ›N. Y. Times‹ auftischt, dann denke ich immer, daß es noch besser ist als die Hitlerei, der man mit knapper Mühe den Garaus gemacht hat.

Dieser Brief erinnert an eine viel frühere Feststellung Einsteins. Professor Federigo Enriques hatte einen wissenschaftlichen Kongreß in Bologna organisiert, an dem Einstein teilnahm. Dort traf er Adriana, die Tochter des Professors. Vielleicht hat sie ihn um eine handschriftliche Notiz gebeten. Jedenfalls schrieb er ihr im Oktober 1921:

Das Studium und allgemein das Streben nach Wahrheit und Schönheit ist ein Gebiet, auf dem wir das ganze Leben lang Kinder bleiben dürfen.
Adriana Enriques zum Andenken an die Bekanntschaft vom Oktober 1921.

Einsteins Brief vom 11. April 1946 an Juliusburger steht in Zusammenhang mit dem zweiten der beiden folgenden Briefe, die sich mit der Todesstrafe befassen.
In einem Brief vom 3. November 1927 schrieb Einstein mit Bezug auf eine frühere Bemerkung zu diesem Thema an einen Berliner Verleger:

Ich habe mich . . . zu der Überzeugung durchgearbeitet, daß die Abschaffung der Todesstrafe wünschenswert ist. Begründung:
1) Irreparabilität im Falle eines Justizirrtums,
2) Nachteiliger moralischer Einfluß der Hinrichtungsprozedur auf diejenigen, welche mit der Execution direkt oder indirekt zu tun haben.

In einem Brief vom 4. November 1931 kam Einstein auf das Thema zurück, als er den Brief eines bekümmerten jungen Mannes in Prag beantwortete. Hier ein Ausschnitt:

Was ich über Krieg und Todesstrafe denke? Das letztere ist einfacher. Ich bin überhaupt nicht für die Strafe, sondern nur für Maßregeln im Dienste der Gesellschaft und deren Schutz. Im Prinzip wäre ich nicht dagegen, in diesem Sinne wertlose oder gar schädliche Individuen zu töten; ich bin nur deshalb dagegen, weil ich den Menschen, d. h. den Gerichten mißtraue. Ich schätze nämlich am Leben mehr die Qualität als die Quantität, so wie sich in der Natur die Gesetzmäßigkeit als höhere Realität gegenüber dem Einzelding darstellt.

Am 1. Februar 1954 zitierte ein Briefschreiber Einsteins Forderung, die Menschen sollten bereit sein, wenn nötig ins Gefängnis zu gehen, um die Meinungsfreiheit zu bewahren und dem Krieg entgegenzustehen. Der Briefschreiber fuhr fort, seine Frau habe dagegen eingewandt, Einstein selber habe, als die Nationalsozialisten an die Macht gekommen seien, unverzüglich Deutschland verlassen, anstatt zu bleiben, seine Meinung zu sagen und seine Verhaftung zu riskieren. Sie stellte diese Haltung derjenigen von Sokrates gegenüber, der es ablehnte, sein Land zu verlassen, und blieb, um »es auszutragen«. Sie bemerkte auch, daß es für bekannte Leute leichter sei, ihre Meinung zu sagen.
Am 6. Februar 1954 antwortete Einstein in englischer Sprache. Der deutsche Entwurf lautete:

Was Ihre Frau gesagt hat, finde ich gar nicht schlecht. Es ist wahr, daß ein Mensch, der ein gewisses Renommee in der Öffentlichkeit hat, in geringerem Maße gefährdet ist als ein weniger bekannter Mensch. Wie aber sollte ein Mensch, den die Leute kennen, von seinem Namen einen besseren Gebrauch machen als dadurch, daß er von Zeit zu Zeit öffentlich ausspricht, was er für nötig hält? Der Vergleich mit Sokrates paßt insofern nicht, als für letzteren Athen die Welt bedeutete, während ich mich nie mit einem besonderen Lande identifizierte, am wenigsten mit dem politischen Deutschland, mit dem mich eigentlich nichts verband als meine Stellung an der preußischen Akademie und die Sprache, die ich als Kind lernte.

Wenn ich nun auch überzeugter Demokrat bin, so weiß ich doch, daß die Menschenwelt stagnieren würde, wenn nicht eine Minorität wohlmeinender und aufrechter Menschen für ihre Überzeugung Opfer bringen würden. Gegenwärtig ist dies besonders nötig. Ich brauche das wohl nicht besonders zu begründen.

Einstein schätzte den Bundesrichter Louis D. Brandeis aufs höchste. Hier folgt ein Teil eines kurzen Beitrags, den er am 19. Oktober 1931 an die Bostoner Zeitung ›The Jewish Advocate‹ sandte, die Brandeis' fünfundsiebzigsten Geburtstag feierte:

Der wirkliche menschliche Fortschritt gründet sich weniger auf Erfindergehirne als auf das Gewissen solcher Männer wie Brandeis.

Am 10. November 1936 sandte Einstein den folgenden Brief aus Princeton an Brandeis selber. Das handschriftliche Original befindet sich unter den »Brandeis Papers« in der juristischen Abteilung der Universität von Louisville.

In tiefer Verehrung und Sympathie drücke ich Ihnen die Hand bei Gelegenheit Ihres 80. Geburtstages. Ich kenne keinen Zweiten der so tiefe Geistesgaben mit so völliger Selbst-Entäußerung verbände, im stillen Dienste an der Gesamtheit den ganzen Sinn seines Daseins fände. Wir danken Ihnen alle nicht nur für das, was Sie geleistet und gewirkt haben, sondern wir fühlen uns auch beglückt dadurch, daß es einen solchen Mann überhaupt gibt in unserer an wirklichen Persönlichkeiten so armen Zeit.
Mit ehrerbietigen Grüßen . . .

Walter White, Sekretär der ›National Association for the Advancement of Colored People‹ (Nationale Gesellschaft für den Fortschritt der Farbigen), war nicht nur weiß von Namen, sondern auch von Hautfarbe. Hätte er als Weißer anerkannt werden wollen, so wäre ihm das ein Leichtes gewesen, und er hätte dadurch all die Schwierigkeiten und Verfolgungen vermieden, die damals noch mehr als heute das Schicksal des Negers in unserer Gesellschaft waren. Aber er entschloß sich, für die Rechte seiner schwarzen Brüder zu kämpfen, im vollen Bewußtsein, mit eigenem Leiden dafür bezahlen zu müssen. 1947 schrieb er einen bewegenden Artikel mit dem Titel *Warum ich Neger bleibe*, der am 11. Oktober in ›The Saturday Review of Literature‹ veröffentlicht wurde. Er rief folgenden Leserbrief Einsteins hervor:

Beim Lesen des White'schen Aufsatzes erlebt man es als überzeugende Wahrheit: Zu wahrer menschlicher Größe gibt es nur einen Weg – den durch die Schule des

Leidens. Wenn das Leiden aus der seelischen Blindheit und Stumpfheit einer traditionsgebundenen Gesellschaft entspringt, pflegt es die Schwachen zum blinden Haß zu degradieren, die Starken aber zu erheben zu einer moralischen Überlegenheit und magnanimity, die sonst dem Menschen kaum zugänglich ist.
Ich denke, daß jeder empfängliche Leser so wie ich selber, Walter White's Aufsatz mit einem Gefühl wahrer Dankbarkeit aus der Hand legen wird. Er hat uns an seinem schmerzvollen Wege zu menschlicher Größe teilnehmen lassen durch eine schlichte biographische Erzählung, deren Überzeugungskraft unwiderstehlich ist.

Den folgenden Brief schrieb Einstein am 4. November 1942 an einen Briefpartner in Brasilien. Er spricht für sich selbst:

Ihr Vorschlag erscheint an sich vernünftig: Organisation der Wirtschaft durch eine kleine Zahl Menschen, die sich als productiv und als stark und selbstlos interessiert an einer Besserung der Verhältnisse erwiesen haben. Dagegen halte ich nichts von Ihrer Auswahl-Methode durch »tests«. Es ist eine Ingenieur-Idee typischer Art, die Ihrem eigenen Ausspruch »Der Mensch ist keine Maschine« durchaus nicht gemäß ist. Ferner bitte ich Sie, eines zu bedenken: Es genügt nicht, die zehn geeignetsten Personen ausfindig zu machen. Es muß auch bewirkt werden, daß die Völker sich ihren Anordnungen fügen. Wie dies zuweg gebracht werden soll, davon kann ich mir kein Bild machen. Diese Frage ist ungleich schwieriger als die der Auswahl geeigneter Persönlichkeiten. Denn schon ziemlich mittelmäßige Leute könnten das Werk in passabler Weise vollbringen, verglichen mit den heute und überhaupt bisher bestehenden Verhältnissen. Bisher verdankten die Führenden ihre Macht in der Hauptsache nicht etwa der Fähigkeit selber zu denken und Entschlüsse zu fassen sondern andere zu überreden, auf sie Eindruck zu machen und ihre Schwächen auszunutzen.

Das alte Problem: Was muß man tun, um Fähigen und Wohlwollenden die Macht über die Menschen zu geben? hat bis jetzt allen Anstrengungen gespottet. Leider scheint es mir, daß auch Sie keinen Weg gefunden haben, es zu lösen.

Am 6. Dezember 1917, während des Ersten Weltkriegs, schrieb Einstein das folgende aus Berlin an Heinrich Zangger in Zürich. Die Worte haben nichts von ihrer Aktualität eingebüßt:

Wie ist es nur möglich, daß diese kulturliebende Zeit so gräßlich amoralisch ist? Ich komme immer mehr dazu, alles andere gegen die Nächstenliebe und Menschenfreundlichkeit gering einzuschätzen . . . Unser ganzer gepriesener Fortschritt der Technik, überhaupt die Civilisation, ist der Axt in der Hand des pathologischen Verbrechers vergleichbar.

1934 schrieb Einstein einen Artikel zum Thema »Toleranz« für eine Zeitschrift in Amerika. Als die Herausgeber Änderungen vornehmen wollten, mit denen er nicht einverstanden war, zog er den Artikel zurück, und er wurde nicht veröffentlicht. Hier folgen einige Ausschnitte:

Wenn ich nun darüber nachdenke, was eigentlich Toleranz sei, fällt mir die drollige Definition ein, die der humorvolle Wilhelm Busch von der Enthaltsamkeit gegeben hat:

Enthaltsamkeit ist das Vergnügen
An Dingen, welche wir nicht kriegen.

So möchte ich sagen: Toleranz ist das menschenfreundliche Verständnis für Eigenschaften, Auffassungen und Handlungen anderer Individuen, die der eigenen Gewohnheit, der eigenen Überzeugung und dem eigenen Geschmack fremd sind. Toleranz heißt also nicht Gleichgültigkeit gegen das Handeln und Fühlen des oder der andern; es muß auch Verständnis und Einfühlung dabei sein . . .

Das Große und Edle kommt von der einsamen Persönlichkeit, sei es ein Kunstwerk oder eine bedeutende schöpferische wissenschaftliche Leistung. Die europäische Kultur erlebte ihren wichtigsten Aufschwung aus dumpfem Verharren heraus, als die Renaissance dem Individuum Möglichkeiten zur freien Entfaltung bot.

Die wichtigste Art der Toleranz ist deshalb die der Gesellschaft und des Staates gegen das Individuum. Der Staat ist gewiß nötig, um dem Individuum die Sicherheit für seine Entwicklung zu geben, aber wenn er zur Hauptsache wird und der einzelne Mensch zu seinem willenlosen Werkzeug, dann gehen alle feineren Werte verloren. Wie der Fels erst verwittern muß, damit Bäume auf ihm wachsen können, und der Ackerboden erst aufgelockert werden muß, damit er seine Fruchtbarkeit entfalten kann, so sprießen auch aus der menschlichen Gesellschaft nur dann wertvolle Leistungen hervor, wenn sie genügend gelockert ist, um dem einzelnen freie Entfaltung seiner Fähigkeiten zu ermöglichen.

Manchmal wurde Einsteins eigene Toleranz ernsthaft auf die Probe gestellt. Im folgenden macht er sich in einer beißenden Satire Luft. Es ist erstaunlich, daß etwas in so hohem Maße Technisches und schwer Verständliches wie Einsteins Relativitätstheorie eine Zielscheibe politischer Attacken werden konnte. Oft waren die Angriffe sehr bösartig. In Deutschland verdammten die Nationalsozialisten die Theorie als jüdisch und kommunistisch und sagten, sie vergifte den Urquell der deutschen Wissenschaft. Natürlich verboten sie den Wissenschaftlern, die Relativitätstheorie zu lehren. Nur wenige aufrechte Gelehrte wagten es, sich dem Befehl zu widersetzen, und auch sie mußten zu Listen greifen, indem sie etwa die Theorie vermittelten, ohne Einstein zu erwähnen oder das Wort »Relativität« zu verwenden.
Die Sowjetunion dagegen war gar nicht so sicher, daß Einsteins Theorie kommunistisch sei. Tatsächlich wurde die russische Haltung zur Relativitätstheorie kompliziert durch eine Debatte über die Vereinbarkeit der Theorie mit dem Dialektischen Materialismus. In der Folge war es für sowjetische Wissenschaftler nicht immer ungefährlich, sich für die Theorie einzusetzen. Die Lage hat sich inzwischen gebessert, aber noch im April 1952 legte ein Mitglied der Akademie der Wissenschaften der USSR Einstein zur Last, er habe die Physik in den »Sumpf des Idealismus« gezogen und sich des »Subjektivismus« schuldig gemacht; im Gegensatz dazu beruhe der Dialektische Materialismus auf der »Objektivität der Materie«. Des weiteren kritisierte das Akademiemitglied öffentlich und mit Namen zwei russische Wissenschaftler, die er anklagte, die Theorie befürwortet zu haben. Durch die ›Associated Press‹ wurden Berichte über den Angriff weit verbreitet, und ein langjähriger Londoner Freund sandte Einstein einen in Berlin zur Sache erschienenen Artikel.

Der folgende unpublizierte, satirische Kommentar wurde in Einsteins Nachlaß gefunden. Man nimmt an, daß er in die frühen fünfziger Jahre gehört und höchstwahrscheinlich durch die sowjetische Haltung im allgemeinen und durch den erwähnten Zwischenfall im besonderen hervorgerufen wurde.

Als Gott der Allmächtige seine ewigen Naturgesetze aufstellte, da plagte Ihn ein Bedenken, das Er auch in der Folgezeit nicht zu überwinden vermochte: Was für eine peinliche Situation würde entstehen, wenn die hohen Autoritäten des dialektischen Materialismus später einige dieser Gesetze oder gar all miteinander als ungesetzlich erklärten?
Als Er dann später dazu überging, die Propheten und Weisen des dialektischen Materialismus zu erschaffen, da schlich ein einigermaßen ähnliches Bedenken in Seine Seele. Aber bald beruhigte Er sich, indem Er glaubte, darauf vertrauen zu dürfen, daß diese Propheten und Weisen niemals zu dem Schluß kommen würden, daß die Lehren des dialektischen Materialismus der Vernunft und Wahrheit widersprächen.

Aus England erhielt Einstein in Deutschland einen Brief mit der Frage, die ursprünglich von Edison gestellt worden war: Aufgrund welcher Taten würden Sie, wenn Sie auf Ihrem Totenbett auf Ihr Leben zurückblickten, entscheiden, ob es erfolgreich war oder nicht? Einstein antwortete am 12. November 1930:

Weder auf meinem Sterbebette noch vorher werde ich mir eine solche Frage vorlegen. Die Natur ist kein Ingenieur oder Unternehmer, und ich bin selber ein Stück Natur.

Am 13. November 1950 schrieb ein Pfarrer aus Brooklyn, N. Y. an Einstein. Er erzählte unter anderem, er habe als Collegestudent vor etwa sechsundzwanzig Jahren eine signierte Photographie Einsteins gekauft, die er seither sorgsam aufbewahrt habe. Er fuhr fort, er habe eine von Einstein kurz nach Hitlers Machtergreifung geschriebene Stellungnahme oft auf der Kanzel zitiert. Er war neugierig, ob Einstein ihm ein handschriftliches Blatt mit den beiden Abschnitten der Stellungnahme schicken könnte, so daß er es zusammen mit der Photographie rahmen könnte.

Er sagte, er wolle nicht als Schmarotzer erscheinen, und legte einen Scheck bei – nicht als Bezahlung, da er wußte, daß man ein handschriftliches Zeugnis nicht kaufen konnte, sondern als Geschenk für Einstein, der es nach seinem Gutdünken verwenden sollte, und als ein Zeichen der Dankbarkeit. Auf einem separaten Blatt hatte er die betreffende Stelle abgeschrieben:

»Weil ich die Freiheit liebe, verließ ich mich nach dem Machtwechsel in Deutschland auf die Universitäten, daß sie sich wehren würden; denn ich wußte, daß sie sich immer ihrer Hingabe für die Sache der Wahrheit gerühmt hatten; aber nein, die Universitäten wurden sofort zum Schweigen gebracht. Dann verließ ich mich auf die großen Herausgeber der Zeitungen, deren flammende Leitartikel in den vergangenen Jahren ihre Liebe zur Freiheit proklamiert hatten; aber sie wurden wie die Universitäten in wenigen kurzen Wochen zum Schweigen gebracht. Dann verließ ich mich auf die einzelnen Schriftsteller, die als literarische Führer Deutschlands viel und oft über den Stellenwert der Freiheit im modernen Leben geschrieben hatten; aber auch sie waren stumm.

Nur die Kirche widersetzte sich Hitlers Kampagne zur Unterdrükkung der Wahrheit. Ich hatte mich bisher nie besonders für die Kirche interessiert; aber jetzt empfinde ich große Zuneigung und Bewunderung, weil allein die Kirche den Mut und die Beharrlichkeit hatte, für geistige Wahrheit und moralische Freiheit einzutreten. Ich muß bekennen, daß ich das, was ich einst verachtete, jetzt ohne Vorbehalt lobe.«

Am 14. November 1950 antwortete Einstein:

Ich war tief beeindruckt von der schönen und großzügigen Art, in der Sie sich in Ihrem Brief vom 11. November an mich gewandt haben. Trotzdem bringen Sie mich etwas in Verlegenheit: Die von Ihnen zitierte Stellungnahme stammt in diesem Wortlaut nicht von mir. Kurz nachdem Hitler in Deutschland an die Macht gekommen war, unterhielt ich mich mit einem Journalisten über diese Fragen. Von da an wurden meine Bemerkungen fast bis zur Unkenntlichkeit ausgedeutet und übertrieben. Ich kann die Stellungnahme, die Sie mir als meine eigene geschickt haben, nicht mit gutem Gewissen niederschreiben.

Noch unangenehmer wird die Sache für mich dadurch, daß ich, wie Sie selber, den Aktivitäten, und besonders den politischen Aktivitäten, die die Amtskirche im Lauf ihrer Geschichte entwickelte, vorwiegend kritisch gegenüberstehe. Deshalb gibt meine damalige Stellungnahme, auch wenn sie auf ihren tatsächlichen Wortlaut (an den ich mich nicht im einzelnen erinnere) zurückgeführt würde, einen falschen Eindruck meiner allgemeinen Haltung.

Ich bin aber gern bereit, Ihnen etwas anderes niederzuschreiben, das Ihrem Zweck dienen kann, wenn Sie mir einen Hinweis geben, was es sein könnte.

[Original englisch]

Der Pfarrer antwortete am 16. November 1950, er sei froh, daß die Stellungnahme nicht korrekt gewesen sei, da auch er, was die historische Rolle der Kirche im allgemeinen betreffe, Vorbehalte habe. Er ließ sich des langen über dieses Thema aus und entschuldigte sich dann plötzlich, »gepredigt« zu haben. Er sagte, er wolle die Entscheidung über den handschriftlichen Text Einstein überlassen, pries Einsteins prophetische Sicht und endete mit der Bitte um Gottes Segen für ihn. Einstein sandte am 20. November 1950 die folgenden Zeilen:

Das Streben nach moralischem Handeln ist das wichtigste Streben der Menschen. Sein inneres Gleichgewicht, ja, seine Existenz hängen davon ab. Moralisches Handeln allein kann dem Leben Schönheit und Würde verleihen.
Dies den Jungen lebendig zu machen und zu voller Klarheit zu bringen ist wohl die Hauptaufgabe der Erziehung. Die Gestaltung des moralischen Ideals sollte nicht an einen Mythos gebunden und mit einer Autorität verknüpft werden, daß nicht durch Zweifel an dem Mythos oder der Berechtigung der Autorität das Fundament des richtigen Urteilens und Handelns gefährdet werde.

Am 27. Januar 1947 erhielt Einstein ein Telegramm von der Nationalen Konferenz der Christen und Juden. Darin hieß es ziemlich bestimmt, man benötige von Einstein einen Beitrag von etwa 25 bis 30 Worten, der als Zeichen der Sympathie für die »American Brotherhood« gesendet werden sollte. Es war ein Thema, das zu Platitüden einlud und fast aufforderte, aber Einstein umging die Falle. Er schrieb die folgende Stellungnahme:

Wenn die Bekenner der gegenwärtigen Religionen sich ernstlich bemühen würden, im Geiste der Begründer dieser Religionen zu denken, zu urteilen und zu handeln, dann würde keine auf den Glauben gegründete Feindschaft zwischen den Bekennern verschiedener Religionen existieren. Noch mehr, sogar die Gegensätze im Glauben würden sich als unwesentlich herausstellen.

Am 14. Oktober des gleichen Jahres erhielt Einstein ein langes Telegramm, in dem es hieß, am 19. Oktober sprächen in New York Diplomaten und andere Prominenz an der Grundsteinlegung einer Gedenkstätte, die für die Helden der Schlacht im Warschauer Ghetto und die sechs Millionen ermordeten Juden in Europa errichtet würde. Einstein war eingeladen, als Ehrengast teilzunehmen. Wenn ihm das nicht möglich sei, fuhr das Telegramm fort, könnte er den Anlaß mit einer Botschaft beehren.
Dazu mußte Einstein nicht gedrängt werden: die Sache lag ihm am Herzen. Er sandte die folgende, vom 19. Oktober 1947 datierende Botschaft:

Die feierliche Versammlung des heutigen Tages hat eine tiefe Bedeutung. Wenige Jahre nur trennen uns von dem furchtbarsten Massenverbrechen, das die moderne Geschichte aufzuweisen hat, ein Verbrechen, nicht begangen von einem fanatischen Haufen, sondern in kalter Berechnung. Das Schicksal der überlebenden Opfer der deutschen Verfolgung legt Zeugnis davon ab, wie schwach das moralische Gewissen der Menschheit geworden ist.
Die heutige Versammlung legt Zeugnis davon ab, daß

die besseren Menschen nicht Willens sind, das Furchtbare schweigend hinzunehmen. Diese Versammlung ist beseelt von dem Willen, dem menschlichen Individuum seine Würde und natürlichen Rechte zu sichern. Sie steht ein für die Erkenntnis, daß ein erträgliches Dasein für die Menschen – ja eben das nackte Dasein – an das Festhalten an den ewigen moralischen Forderungen gebunden ist.

Für diese Haltung spreche ich ihr als Mensch und als Jude Anerkennung und Dank aus.

Am 3. August 1946 schrieb der Chefmaschinist eines amerikanischen Frachters einen reizenden Brief an Einstein in Amerika. Er erzählte von einem Zwischenfall an Bord: Der Matrose und der Zimmermann hatten in Deutschland ein halb verhungertes Kätzchen aufgelesen, es mit an Bord gebracht, gefüttert und gepflegt, so daß es sehr an seinen Pflegeeltern hing. Einmal aber kratzte es einen Seemann, der mit ihm spielte, und der rief aus, die Katze sei verrückt. Der Matrose verteidigte den Ruf des Kätzchens und sagte, es sei so verrückt wie Einstein, der vernünftig genug gewesen war, Deutschland zu verlassen und in die Vereinigten Staaten zu gehen. Nach dieser Auseinandersetzung wurde dem Kätzchen von den Seeleuten offiziell der Name »Professor Albert Einstein« gegeben. Am 10. August antwortete Einstein:

Herzlichen Dank für Ihren netten und interessanten Bericht. Ich sende die herzlichsten Grüße an meinen Namensvetter, auch von unserm eigenen Kater, der sich sehr für die Geschichte interessierte und sogar ein wenig eifersüchtig war, weil sein eigener Name, »Tiger«, nicht wie in Ihrem Fall die Verwandtschaft mit der Familie Einstein zum Ausdruck bringt. Mit freundlichen Grüßen an Sie, die Pflegeeltern meines Namensvetters und meinen Namensvetter selber . . . [Original englisch]

Hier folgen zwei Briefe, die Einstein aus Princeton an Gertrud Warschauer in England sandte. Sie war die Witwe eines Rabbiners aus Berlin, und die Briefe danken ihr für Weihnachtsgeschenke. Ein Wort zu Michael Faraday, der im zweiten Brief erwähnt wird: Er war ein autodidaktisches Genie, ein liebenswerter Mann und einer der größten experimentellen Physiker aller Zeiten. Seine Entdeckungen und revolutionären Ideen auf dem Gebiet des Elektromagnetismus waren entscheidend für die Entwicklung der Relativitätstheorie. Der erste Brief datiert vom 2. Januar 1952:

Liebe Gertrud,
Vor mir liegt das niedliche Lineal, das Sie mir gesandt haben. Bisher wars der Intuition überlassen, ob etwas bei mir gerade oder krumm, parallel oder schief herauskam. Ich sehe aber, daß Sie es lieber vermeiden wollen, in Gottes Hand zu sein, wenn man es vermeiden kann (so deute ich das Lineal.).

Den zweiten Brief schrieb Einstein am 27. Dezember 1952:

Sie haben mir mit dem Faraday-Büchlein eine große Freude gemacht. Dieser Mann liebte die rätselhafte Natur wie ein Liebhaber die ferne Geliebte. Es gab noch nicht das öde Spezialistentum, das mit Hornbrille und Dünkel die Poesie zerstört.

Der folgende Vierzeiler fand sich in Einsteins Nachlaß. Über Datum oder Anlaß gibt es keine Angaben, und er ist wohl bisher nicht publiziert worden:

Unbehaglich macht mich stets das Wörtchen »wir«
Denn man ist nicht eins mit einem andern Tier.
Hinter allem Einverständnis steckt
Stets ein Abgrund, der noch zugedeckt.

Beim Lesen des folgenden sollte man sich an eine Anekdote erinnern: Als Tizian sein Porträt Karls V. malte, fiel ihm der Pinsel zu Boden. Der Kaiser hob ihn gnädig auf mit den Worten, Tizian verdiene, von einem Kaiser bedient zu werden.

Ein bekannter deutscher Schriftsteller hatte Porträts berühmter Leute gezeichnet, um sie schließlich in einem Buch zu veröffentlichen. Eben hatte er ein Telegramm einer amerikanischen Zeitschrift erhalten, die ihn bat, ein Porträt Einsteins zu zeichnen, das er nach dem Erscheinen in der Zeitschrift auch in sein Buch einzufügen plante. Er versuchte also in einem Brief vom 12. November 1931, Einstein in Berlin zu überreden, ihm für ein Porträt Modell zu sitzen. Er sagte, Politiker, an die er herangetreten sei, hätten immer eingewilligt, weil sie die »Publicity« brauchten, aber es war ihm klar, daß Einstein widerspenstig sein würde. Er setzte hinzu, sogar Kaiser Karl V. hätte einige Male für Tizian Modell gesessen, und versprach, daß er in Anbetracht von Einsteins ihn überragender Größe nicht von ihm verlangen würde, daß er seinen Pinsel aufhebe.

Einstein antwortete am 17. November 1931:

Glauben Sie wirklich, daß Kaiser Karl so begeistert gewesen wäre, wenn Tizian von ihm eine Ansichtspostkarte hergestellt hätte, die jeder Piefke für zehn Pfennige geliefert bekommt? Ich glaube, er hätte zwar Tizian nicht minder freudig den Pinsel aufgehoben, hätte ihn aber doch gebeten, ihn mit solcher Publizität zu verschonen, wenigstens bei Lebzeiten.

Seien Sie also nicht böse, wenn auch ich in dieser Weise empfinde. Ich muß übrigens in wenigen Tagen nach Kalifornien verreisen und habe alle Hände voll zu tun.

P. S. Heiliger St. Florian, verschon' mein Haus, zünd andere an!

Für das Jahr 1955 war in Bern eine wissenschaftliche Tagung geplant zur Feier des 50. Jahrestags der *Speziellen Relativitätstheorie*, die

Einstein entwickelt hatte, als er auf dem Patentamt in Bern arbeitete. Sein Freund Max von Laue lud ihn ein, als Ehrengast teilzunehmen. Aber Einstein war zu dieser Zeit Mitte siebzig – etwa zwei Monate später starb er. Er antwortete von Laue im Februar 1955:

Alter und Krankheit machen es mir unmöglich, mich bei solchen Gelegenheiten zu beteiligen, und ich muß auch gestehen, daß diese göttliche Fügung für mich etwas Befreiendes hat. Denn alles was irgendwie mit Personenkultus zu tun hat, ist mir immer peinlich gewesen.

Die folgenden Sätze entstammen einem Brief Einsteins vom 27. Dezember 1949 an einen befreundeten Künstler:

Es ist eigentlich rätselhaft, was einen antreibt, die Arbeit so verteufelt ernst zu nehmen. Für wen? Für sich? – Man geht doch bald. Für die Mitwelt? Für die Nachwelt? *Nein*, es bleibt rätselhaft.

Einsteins fünfzigster Geburtstag am 14. März 1929 war ein großes Ereignis mit Geschenken und Glückwunschadressen aus der ganzen Welt und mit allen möglichen Reportern, die um Interviews ersuchten. Einstein, der solches befürchtet hatte, war aus seiner Berliner Wohnung geflüchtet und hatte sich von dem Rummel abgesetzt. Als der Tag vorüber war, stand Einstein dem Problem gegenüber, all den Freunden, die ihm Geburtstagsgrüße geschickt hatten, zu danken. Er schrieb ein Gedicht, das er im Faksimile vervielfältigen ließ, und sandte die Kopien – oft mit einem beigefügten persönlichen Gruß – an seine Freunde:

Jeder zeiget sich mir heute
Von der allerbesten Seite
Und von fern und nah die Lieben
Haben rührend mir geschrieben
Und mit allem mich beschenkt
Was sich so ein Schlemmer denkt
Was für den bejahrten Mann
Noch in Frage kommen kann.
Alles naht mit süßen Tönen
Um den Tag mir zu verschönen.
Selbst die Schnorrer ohne Zahl
Widmen mir ihr Madrigal.

Drum gehoben fühl' ich mich
Wie der stolze Adlerich.
Nun der Tag sich naht dem End'
Mach ich Euch mein Kompliment,

Alles habt Ihr gut gemacht
Und die liebe Sonne lacht.

A. Einstein
peccavit 13. III. 29.

Unter den Briefen, die Einstein zu seinem fünfzigsten Geburtstag erhielt, war auch einer des Nobelpreisträgers Fritz Haber. Hier ein Ausschnitt aus seinem Brief: ». . . In einigen hundert Jahren wird der gemeine Mann unsere Zeit als die Periode des Weltkrieges kennen, aber der Gebildete wird das erste Viertel des Jahrhunderts mit Ihrem Namen verbinden, so wie sich heute beim Ausgang des 17. Jahrhunderts die einen an die Kriege Ludwigs des Vierzehnten und die andern an Isaac Newton erinnern . . .«

Ein Jahrzehnt später, zu Einsteins sechzigstem Geburtstag, schrieb ihm der Nobelpreisträger Max von Laue, dem Einstein sich sehr verbunden fühlte, die folgenden Zeilen nach Princeton:
». . . Nun, jetzt bist Du ja geborgen, jenem Haß unerreichbar; Du bist, wie ich Dich kenne, auch innerlich mit ihm fertig geworden und stehst *über* Deinem Schicksal. Dein Werk aber ist und bleibt erst recht unerreichbar aller Leidenschaft, und es dauert, solange es eine Kulturmenschheit auf Erden gibt . . .«

Am 1. Mai 1936 schrieb ein prominenter amerikanischer Verleger an Einstein und bat ihn um einen Gefallen. Er plante einen neuen Bibliotheksflügel für sein Landhaus und wollte im Eckstein einen luftdichten Metallbehälter unterbringen, der Beiträge von archäologischem Interesse für die Nachwelt enthalten sollte. Beispielsweise würde dort ein Exemplar der ›New York Times‹ zu finden sein, das eigens auf besonders lange haltbarem Papier gedruckt war. Der Herausgeber bat Einstein, etwas beizutragen, und legte zu diesem

Zweck ein Blatt Spezialpapier bei, das, wie er Einstein versicherte, mindestens tausend Jahre halten sollte.
Am 4. Mai 1936 sandte Einstein die folgende, vermutlich auf das lange haltende Spezialpapier getippte Botschaft:

Liebe Nachwelt!
Wenn Ihr nicht gerechter, friedlicher und überhaupt vernünftiger sein werdet, als wir sind, bezw. gewesen sind, so soll euch der Teufel holen.
Diesen frommen Wunsch mit aller Hochachtung geäußert habend bin ich euer (ehemaliger)
gez. Albert Einstein

Ein Briefschreiber stellte Einstein zwei Fragen. Zuerst fragte er, ob Einstein der sogenannten spekulativen Philosophie etwas verdanke. Die zweite Frage war ziemlich weitschweifig: ob Einstein auch der Ansicht sei, daß diese Wissenschaft, also die spekulative Philosophie, durch die laufende physikalische Erforschung des Raums, der Zeit, der Kausalität, der Grenzen des Universums und von Anfang und Ende gegenstandslos geworden sei, oder ob er mit der Aussage des Wissenschaftlers R. C. Tolman einig gehe, Philosophie sei der systematische Mißbrauch einer eigens zu diesem Zweck erfundenen Terminologie?
Am 28. September 1932 antwortete Einstein aus Berlin:

Die Philosophie gleicht einer Mutter, die alle übrigen Wissenschaften geboren und ausgestattet hat. Man darf sie in ihrer Nacktheit und Armut daher nicht geringschätzen, sondern muß hoffen, daß etwas von ihrem Don-Quichote-Ideal auch in ihren Kindern lebendig bleibe, damit sie nicht in Banausentum verkommen.

1957 meldete sich ein Briefschreiber, der gehört hatte, daß der Nachlaßverwalter Albert Einsteins interessantes Material über Einstein gern entgegennehmen würde, und erzählte von einer vor sieben Jahren geplanten Fernsehsendung mit dem Titel »Wie ich die letzten zwei Minuten verbringen würde«. Vermutlich war es allen Interviewten irgendwie klar, daß mit den besagten »letzten zwei Minuten« die Minuten unmittelbar vor dem Tod gemeint waren. Man wandte sich an berühmte Leute wie Eleanor Roosevelt und Albert Schweitzer, und der Briefschreiber sandte auch eine Einladung an Einstein. Das Thema tönt faszinierend – aber nur auf den ersten Blick. Einstein sah tiefer. Hier seine Antwort, die er am 26. August 1950 schrieb:

Ich fühle mich nicht in der Lage, an Ihrer geplanten Fernsehsendung »Die letzten zwei Minuten« teilzunehmen. Es scheint mir nicht so wichtig, wie man seine letzten zwei Minuten vor der endgültigen Erlösung verbringen soll. [Original englisch]

Der Briefschreiber fügte hinzu: »Überflüssig zu sagen, daß dies mein Leben beträchtlich veränderte.«

Einsteins Gleichgültigkeit in Kleidungsfragen war berüchtigt; oft war er recht nachlässig gekleidet. Anfang März 1955 lernten die Kinder einer fünften Grundschulklasse im Staat New York nicht nur, daß Einstein ein wichtiger Mann sei, sondern merkten auch, daß er in ein paar Tagen seinen sechsundsiebzigsten Geburtstag feiern würde. Mit der Unterstützung ihres Lehrers sandten sie Einstein am 10. März einen Brief und wünschten ihm noch viele glückliche Lebensjahre. Zusammen mit dem Brief schickten sie ihm als Geschenk eine Krawattennadel und ein Paar Manschettenknöpfe. Es sollte Einsteins letzter Geburtstag sein.
Am 26. März 1955 antwortete Einstein:

Liebe Kinder,
Ich danke Euch allen für das Geburtstagsgeschenk, das Ihr mir netterweise geschickt habt, und für Euern Gratulationsbrief. Euer Geschenk wird mir eine geeignete Anregung sein, in Zukunft etwas eleganter zu sein als bisher. Denn Krawattennadeln und Manschetten existieren für mich nur noch als weit entfernte Erinnerungen. [Original englisch]

Aus einem Internat in Cape Town, Südafrika, schrieb eine britische Schülerin am 10. Juli 1946 einen langen und kindlich charmanten Brief an Einstein in Princeton und bat ihn um ein Autogramm. Hier ein Ausschnitt: »Ich hätte schon längst geschrieben, aber ich wußte nicht, daß Sie noch am Leben sind. Ich interessiere mich nicht für Geschichte, und ich dachte, Sie hätten im achtzehnten Jahrhundert oder so gelebt. Ich muß Sie mit Sir Isaac Newton oder sonst wem verwechselt haben.« Dann schrieb sie, eine Freundin und sie interessierten sich sehr für Astronomie und schlichen nachts am Raum der Aufsichtsperson vorbei ins Freie, um die Sterne und Planeten zu beobachten, obwohl sie schon einige Male ertappt und bestraft worden seien. Die Schülerin gestand, daß sie sich die Krümmung des Raumes nicht vorstellen könne. Am Schluß ihres Briefs schrieb sie mit patriotischer Überzeugung: »Ich finde es schade, daß Sie amerikanischer Bürger geworden sind. Ich hätte Sie viel lieber in England.«
Am 25. August 1946 antwortete Einstein in der fälschlichen Annahme, der Brief stamme von einem Jungen:

Lieber junger Mann,
Herzlichen Dank für Ihren Brief vom 10. Juli. Ich muß mich sehr entschuldigen, daß ich noch unter den Lebenden weile. Aber dagegen wird es jedenfalls ein Mittel geben.

Lassen Sie sich nicht beunruhigen durch die »Krümmung des Raumes«. Später werden Sie verstehen, daß dies der einfachst-mögliche Zustand ist, den der Raum überhaupt haben kann. Wenn man das Wort »gekrümmt« im richtigen Sinn gebraucht, hat es nicht genau die gleiche Bedeutung wie in der Alltagssprache. Ich hoffe, daß Ihre und Ihres Freundes astronomische Untersuchungen nicht mehr von den Augen und Ohren Ihrer Schulleitung entdeckt werden. Die meisten guten Bürger nehmen gegenüber ihrer Regierung eine Haltung wie die Ihre ein, und ich finde, mit Recht.

Herzlich, Ihr . . .

[Original englisch]

Die Schülerin war begeistert, daß sie diesen handgeschriebenen Brief bekam, obwohl Einstein, wie oben erwähnt, sie aufgrund ihres ungewöhnlichen Vornamens irrtümlich für einen Jungen gehalten hatte. In ihrer Antwort vom 19. September 1946 schrieb sie: »Ich vergaß, Ihnen zu sagen . . . daß ich ein Mädchen bin. Ich bin wirklich ein Mädchen. Ich habe das immer sehr bedauert, aber jetzt habe ich mich damit abgefunden.« Weiter unten schrieb sie: »Ehrlich, es sollte nicht so enttäuscht klingen, daß Sie noch am Leben sind.«
Einstein antwortete:

Mir macht es nichts aus, daß Du ein Mädchen bist, aber die Hauptsache ist, daß es Dir selbst nichts ausmacht. Es gibt keinen Grund dafür. [Original englisch]

Den folgenden Beitrag schrieb Einstein, vermutlich 1935, in Princeton. Das Manuskript trägt den Vermerk »nicht publiziert«. Nach Einsteins Tod wurde es von Otto Nathan und Heinz Norden in ihrem Buch *Albert Einstein über den Frieden* (Bern 1975) veröffentlicht. Es handelt sich um eine ungewöhnlich heftige Stellungnahme, und vielleicht wollte Einstein sie deshalb nicht veröffentlichen. Immerhin muß es ihn erleichtert haben, sie zu schreiben.

Ein bei aller Tragik groteskes Schauspiel ist es, das sich im Herzen Europas abspielt, Deutschland zu ewiger Schande und auch recht unrühmlich für die Gemeinschaft der Nationen, welche sich selber als »Kulturmenschheit« bezeichnet.
Das deutsche Volk ist durch Jahrhunderte hindurch von einer sich ewig erneuernden Schar von Schulmeistern und Unteroffizieren sowohl zu emsiger Arbeit und mancherlei Wissen als auch zu sklavischer Unterwürfigkeit und zu militärischem Drill und Grausamkeit erzogen worden. Die republikanisch-demokratische Verfassung der Nachkriegszeit paßte zu diesem Volke etwa wie der Anzug des korpulenten Onkels für den kleinen Hans. Dazu kamen dann die Inflation und die bösen Krisenjahre, sodaß jeder Mensch in Furcht und Spannung lebte.
Da erschien in Hitler einer von den Armen im Geiste, unbrauchbar für jegliche Arbeit, erfüllt von Neid und Erbitterung gegen alle, die von Natur und Schicksal mehr begünstigt erschienen als er. Er war der Sohn

einer Kleinbürger-Familie mit gerade genug Klassendünkel, um auch die um einen vernünftigen Ausgleich der Lebensbedingungen kämpfenden Arbeiter zu hassen. Am meisten aber haßte er Geist und Bildung, die ihm am unerbittlichsten versagten Gaben. In seiner verzweifelten Lage fand er heraus, daß seine verworrenen, von Haß getragenen Reden stürmischen Anklang fanden bei den auch so Zahlreichen, deren Lage und Gesinnung der seinigen ähnlich waren. Solche verzweifelten Existenzen las er auf der Straße und im Wirtshause auf, scharte sie um sich. So wurde er zum Politiker.

Was ihn aber zum »Führer« prädestinierte, war sein bitterer Haß gegen das Ausland und gegen eine wehrlose Minorität, die deutschen Juden. Diese haßte er besonders als die Vertreter einer ihm unheimlichen Geistigkeit, die er nicht ganz mit Unrecht als undeutsch empfand.

Unablässige Haßreden gegen diese beiden Arten von »Feinden« eroberten die Massen, denen er glänzenden Sieg und ein goldenes Zeitalter versprach. Auch nützte er weidlich den gewohnheitsmäßigen Drang der seit Jahrhunderten militärisch gedrillten Massen zum Marschieren, blinden Gehorsam, Befehlen und zur Menschenschinderei für seine Zwecke aus. So wurde er zum »Führer«.

Geld floß ihm reichlich zu, nicht zuletzt von der besitzenden Klasse, die in ihm ein Werkzeug sah zur Verhinderung der in der Zeit der Republik in gewissem Umfange begonnenen sozialen und wirtschaftlichen Befreiung des Volkes. Dem Volk aber schmeichelte er durch jene romantischen Phrasen der Vaterländerei, an die es von der Vorkriegszeit her gewöhnt war, sowie durch jenen Schwindel von der Überlegenheit einer von den Antisemiten zu ihren besonderen Zwecken erfundenen »arischen« beziehungsweise »nordischen« Rasse. Die Verworrenheit seines Geistes macht es mir unmöglich zu beurteilen, bis zu welchem Grade er selbst an den Unsinn glaubte, den er unablässig predigte. Die aber, welche sich um ihn scharten und sich durch die Woge nach oben treiben ließen, waren meist verworfene Zyniker, die sich der Verlogenheit ihrer Mittel voll bewußt waren.

Leo Baeck war der leitende Rabbiner der Jüdischen Gemeinde in Berlin und ein Gelehrter von Weltruf. Als die Nationalsozialisten an die Macht kamen, erhielt er viele attraktive Stellenangebote außerhalb Deutschlands, durch die er dem antisemitischen Terror der Nationalsozialisten hätte entkommen können. Aber er lehnte sie alle ab und zog es vor, mit seinen jüdischen Mitmenschen in Deutschland die Gefahren zu teilen. Nachdem er mehrere Male inhaftiert worden war, wurde er ins Konzentrationslager in Theresienstadt gebracht, wo er bis zum Zusammenbruch der deutschen Armee blieb und durch russische Soldaten befreit wurde.
Im Mai 1953 schrieb Einstein aus Princeton anläßlich von Leo Baecks achtzigstem Geburtstag eine bewegende Würdigung:

Was dieser Mann den in Deutschland gefangenen und dem sicheren Untergang entgegenstehenden Brüdern gewesen ist, kann der in dem Gefühl äußerer Sicherheit Dahinlebende nicht voll begreifen. Er empfand es als selbstverständliche Pflicht, in dem Lande ruchloser Verfolgung auszuharren, um seinen Brüdern bis zuletzt eine seelische Stütze zu sein. Keine Gefahr scheuend, unterhandelte er mit den Vertretern einer aus ruchlosen Mördern bestehenden Regierung und wahrte in jeder Situation seine und seines Volkes Würde.

Als Einstein um einen Beitrag für eine Festschrift zu Ehren von Rabbi Baeck gebeten wurde, schrieb er am 23. Februar 1953:

In dem Wunsche, Ihrem schönen Unternehmen zu dienen und doch unfähig, einen Beitrag auf dem Gebiete unseres verehrten und geliebten Freundes zu liefern, bin ich auf die bizarre Idee verfallen, etwas aus der eigenen Lebenserfahrung, was unseren Freund ein bißchen ergötzen könnte, in Pillenform zusammen zu stellen, wobei allerdings nur die erste Pille direkte Beziehung zu ihm beanspruchen darf.

Die »Pillen« erwiesen sich größtenteils als beißende Aphorismen, für die der folgende als Muster dienen mag:

Um ein tadelloses Mitglied einer Schafherde sein zu können, muß man vor allem ein Schaf sein.

Den »Pillen« hatte Einstein folgende Grußadresse vorangestellt:

Heil dem Manne, der stets helfend durchs Leben ging, keine Furcht kannte und dem jede Aggressivität und jedes Ressentiment fremd war. Von solchem Holz sind die Idealgestalten geschnitzt, die der Menschheit Trost bieten in den Situationen selbstgeschaffenen Leidens.

Am 17. März 1954 schrieb Rabbi Baeck zu Einsteins fünfundsiebzigstem Geburtstag den folgenden Brief:

In Tagen, in denen ein sittlicher Zweifel nur ein Nein zu finden schien oder diese Frage nach dem Menschlichen selbst unterhalb des Zweifels blieb, habe ich an Sie denken dürfen, und eine Ruhe, eine Bejahung kam über mich. In so mancher Stunde haben Sie vor mir gestanden und zu mir gesprochen.

Einstein starb am 18. April 1955 in Princeton. Am 26. April 1955 sandte Cornelius Lanczos die folgenden Worte an Einsteins Tochter Margot:

Man hat das Gefühl, daß so ein Mensch für immer weiterlebt, wie ja ein Mensch wie Beethoven auch niemals sterben kann. Nur ist eben das Unersetzliche, daß gerade seine Lebendigkeit so stark zu seinem Wesen gehörte und man sich so schwer vorstellen kann, daß dieser so unsagbar bescheidene und schlichte Mensch nicht mehr unter uns weilen soll. Er war sich seines einzigartigen Schicksals bewußt und wußte um seine Größe. Aber gerade weil diese Größe so überragend war, hat sie ihn bescheiden und demütig gemacht, und zwar nicht aus Pose, sondern aus innerem Bedürfnis.

Anfangs 1933 erhielt Einstein den Brief eines Berufsmusikers, der vermutlich in München lebte. Der Musiker war besorgt, verzweifelt und ohne Arbeit; dennoch muß er eine Art verwandter Geist gewesen sein. Nur Einsteins Antwort ist erhalten. Sie ist, da sie vom 5. April 1933 datiert, vermutlich aus Le Coq abgesandt worden. Hier ein Auszug. Seine tiefe Verzweiflung ist zeitlos und wird nur durch die Tatsache erleichtert, daß Einstein den Kampf gegen die Dunkelheit nie aufgab. Die Anonymität des ersten Satzes verdient Beachtung – der Empfänger sollte auf diese Art sicherer sein:

Ich bin der Mann, dem Sie über die belgische Akademie geschrieben haben . . . Lesen Sie keine Zeitung, suchen Sie ein paar Gesinnungsgenossen und lesen Sie die wunderbaren Schriftsteller früherer Zeiten, Kant, Goethe, Lessing und die Klassiker des Auslands und erfreuen Sie sich an der wundervollen Natur der Münchner Gegend. Denken Sie unablässig, daß Sie gewissermaßen unter fremden Geschöpfen auf dem Mars leben und tilgen Sie jede tiefere Anteilnahme an dem Treiben dieser Geschöpfe. Schließen Sie Freundschaft mit ein paar Tieren. Dann werden Sie wieder ein froher Mensch werden und nichts kann Sie anfechten. Bedenken Sie daß die feineren und edleren Menschen stets allein sind und sein müssen und daß sie dafür die Reinheit ihrer eigenen Atmosphäre genießen dürfen.
Es grüßt Sie kameradschaftlich und drückt Ihnen bewegt die Hand Ihr E.

Einstein war der größte Wissenschaftler seiner Zeit. Doch was war das für eine Zeit, in der ein Einstein seinen Brief mit einem einfachen E unterzeichnen mußte!

Mit einem Essay von Isaac Asimov
64 Seiten

»›Wenn Veränderungen nicht schneller als bis zum Jahre 2000 eintreten, wird die Menschheit ihrer Auslöschung entgegensehen …‹ Was früher noch Diskussionsthema war, ist bei Isaac Asimov zum Rechenexempel geworden. Vor 40 Jahren zog Sigmund Freud bittere Bilanz, als der Völkerbund die beiden grössten naturwissenschaftlichen Genies des 20. Jahrhunderts fragte: ›Warum Krieg?‹ Diese Antworten erschienen 1933 in einer bibliophilen Ausgabe von 2000 Exemplaren; weiteren Bedarf hatte das deutsche Reich nicht anzumelden.«